异质金属钎焊接头强化方法及腐蚀机理

于 华 著

北 京
冶 金 工 业 出 版 社
2025

内 容 提 要

本书共5章，内容涵盖异质金属焊接的基础理论、测试方法；铜/钢和铜/铝异质金属的钎焊接头特性，包括接头的微观组织调控、力学性能、断口微观组织和强化机制；异质金属钎焊接头的腐蚀行为及失效机理。

本书可供材料科学与工程、焊接技术与工程、腐蚀与防护等领域的研究人员、高校教师和研究生参考，也可供从事异质金属焊接、航空航天、汽车制造、电子设备等行业的工程技术人员和研发人员等阅读。

图书在版编目（CIP）数据

异质金属钎焊接头强化方法及腐蚀机理 / 于华著. 北京 ：冶金工业出版社，2025. 3. -- ISBN 978-7-5240-0176-8

Ⅰ. TG457. 1

中国国家版本馆 CIP 数据核字第 20258Q1T79 号

异质金属钎焊接头强化方法及腐蚀机理

出版发行 冶金工业出版社　**电　话** （010）64027926
地　址 北京市东城区嵩祝院北巷 39 号　**邮　编** 100009
网　址 www. mip1953. com　**电子信箱** service@ mip1953. com

责任编辑 王梦梦　美术编辑 彭子赫　版式设计 郑小利
责任校对 梅雨晴　责任印制 禹 蕊
三河市双峰印刷装订有限公司印刷
2025 年 3 月第 1 版，2025 年 3 月第 1 次印刷
710mm×1000mm 1/16；9. 25 印张；178 千字；138 页
定价 80. 00 元

投稿电话 （010）64027932　投稿信箱 tougao@ cnmip. com. cn
营销中心电话 （010）64044283
冶金工业出版社天猫旗舰店 yjgycbs. tmall. com
（本书如有印装质量问题，本社营销中心负责退换）

前　　言

随着全球制造业对异质金属材料的需求日益增长，异质金属的连接技术已经成为现代工程技术中的关键研究课题。特别是在航空航天、汽车、电子器件及能源领域，如何高效、可靠地实现异质金属材料的连接成为众多工程领域面临的技术挑战。钎焊技术因其低温、高效、易操作等优势，成为连接异质金属材料的重要手段。然而，异质金属钎焊接头的性能优化，尤其是在微观组织控制、力学性能提升和腐蚀行为预测等方面，依然存在许多亟待解决的问题。

本书旨在通过对异质金属钎焊接头的系统研究，揭示其强化机制与腐蚀机理，并为提高钎焊接头的力学性能和耐腐蚀性提供理论依据与技术指导。随着材料科学、腐蚀学和焊接工程的不断发展，异质金属钎焊的研究已逐渐进入一个综合性、跨学科的研究阶段。本书集中了当前异质金属钎焊技术领域的最新研究成果，并通过试验分析与理论建模相结合的方式，系统探讨了异质金属钎焊接头的强化方法及其腐蚀行为。

本书的内容集中于两个方面：一方面，探讨了影响异质金属钎焊接头力学性能的关键因素，尤其是微观组织调控、界面反应机制及热处理对接头性能的影响；另一方面，分析了不同环境条件下，特别是盐雾腐蚀与电化学腐蚀下，异质金属钎焊接头的腐蚀行为及失效机理。通过系统的试验研究，本书提供了针对不同钎焊接头材料体系（如铜/钢、铜/铝等）的具体研究方法，并揭示了腐蚀环境对钎焊接头强度和耐久性的综合影响。本书不仅提出了基于微观组织调控的钎焊接头强化方法，还通过多种试验手段与理论分析相结合，系统揭示了异质金属钎焊接头在不同腐蚀环境中的失效机理。本书通过对常见铜/钢与铜/铝接头的对比研究，为异质金属钎焊技术的应用与发展提供了全面的理论依据，并对钎焊接头的优化设计提出了具有前瞻性的指导意见。

本书适合从事焊接技术、材料科学、腐蚀学及相关领域的学者、工程技术人员及研究生等阅读。它不仅为异质金属钎焊接头的设计、制造与应用提供了重要的理论参考，也为今后在更为复杂和多样的工况下，钎焊接头性能的提升与优化提供了指导方向。

本书相关的研究工作得到了工业和信息化部产业基础再造和制造业高质量发展专项（TC210H02X）、关键核心技术攻关项目“×××制造技术”、河南省科技攻关（222103810023）、河南省自然科学基金（232300420088）、中国机械总院集团郑州机械研究所重点实验室开放课题（SKLABFMT201902）、国家重点研发计划“先进结构与复合材料”重点专项“高端农机装备用高性能轻量化低成本关键材料技术”、河南省中央引导地方科技发展资金项目等项目的资助。本书的出版得到了河南科技大学、金属材料磨损控制与成型技术国家地方联合工程研究中心、龙门实验室、中国机械总院郑州机械研究所有限公司、高性能新型焊接材料全国重点实验室、中航光电科技股份有限公司、高温轻合金及应用技术全国重点实验室的大力支持，在此表示感谢。

本书撰写过程中，高性能新型焊接材料全国重点实验室（中国机械总院集团郑州机械研究所有限公司）的张亮亮博士、于卓立博士，以及河南科技大学金属材料磨损控制与成型技术研究院的江涛副教授，给予了极大的支持与无私的帮助。张亮亮博士负责撰写本书的第 3~第 5 章，共计 11 万余字，其专业内容为本书增色不少。同时，诚挚感谢在研究思路拓展、实验设计优化中所有专家、学者及同行们给予的极大帮助。对参与研究过程中的研究生、博士生们表示真诚感谢。此外，本书撰写过程中参考了国内外许多学者的文献资料，在此向文献资料的作者表示感谢。

由于作者水平所限，书中不妥之处，敬请读者批评指正。

作　者
2024年10月

目　　录

1 绪　论

1.1 概　述

在21世纪，工业材料的快速发展不再局限于单一的性能本身。这是因为单个材料不能满足复合结构的需要，因此它们开始朝着多功能的方向发展。工程装备制造开始向着降低成本、各种功能集成为一体的方向发展，因此将材料结构复合已成为研究热点。混合结构材料相较于单一材料价格更低、技术更具有优势，因此在石油勘探、航空航天等领域应用范围逐渐增多，在这些领域的材料既需要高强度同时还需要优异的塑性和韧性，因此单一材料无法满足装备应用需求。而异种复合材料结构将两种材料各自优点集合到一块，因此将能达到价格与价值的更合理利用[1-4]。

铜及铜合金由于拥有丰富储量，良好的加工性，优良的导电、导热性能和使用性而被广泛用于航空航天、轨道交通、CPU散热器等方面[5-7]。随着铜及其合金使用量的急剧增加，铜合金在世界上的储量也急剧下降，铜及其合金的价格也飞速上涨。为寻求最佳技术经济性，人们越来越倾向于寻找铜合金的替代品。铝密度低（密度约为铜的1/3），具有良好的导电、导热性能，铝资源十分丰富，成本较低的特点，使得铝材料成为铜合金的理想替代材料之一[8]。同样地，钢具有加工性能好、韧性高、耐高温、耐腐蚀等优良特性，同时还具有低廉的价格和丰富的储量，且铜-钢连接具有出色的导电性、导热性和抗氧化能力，所以它被广泛应用于能源、航空航天、核工业和工业领域。此外，钢也是工业制造中铜合金的一个优异替代材料[9]。

将铜-铝、铜-钢复合，实现“以铝代铜、以钢代铜”对节约铜资源、满足工业制造需求具有重要意义，铜铝、铜钢异质金属连接技术和材料问题也成了学者们一直以来的关注热点。从近年的研究来看，用于异种金属结构性焊缝的焊接方法主要有熔化焊、固相焊、瞬间液相扩散焊、钎焊等。其中，钎焊技术是指利用液体的润湿现象和毛细作用，将熔点低于母材的熔化填充金属与母材进行冶金结合的技术。该技术产生热变形小，加工精度高，接头光滑美观，焊接材料范围广，是核能、航空航天、仪器仪表、制冷等工业领域广泛采用的异质金属构件连接工艺，广泛应用于换热器、套管柱等设备[10-11]。

20 世纪 30 年代，随着科学技术的进步和冶金、化工技术的发展和改造，钎焊技术的应用领域不断扩大。特别是第二次世界大战以后，随着航空航天、发动机、核能、电子元件等高精度技术的发展，钎焊技术以其独特的优势被广泛应用，其研究和应用也受到国内外研究人员的关注。

1.2 异质金属焊接性分析

异种金属的物理化学性能有很大差异，对连接方法要求非常严格[12-13]。异种金属连接比同种金属焊接困难得多，主要表现在三方面。（1）物性难互通。密度、热导率等物理性质差异大，易造成熔化焊时界面难熔合。（2）冶金难相容。二者原子半径相差较大，晶格类型不同，相互固溶度较低。焊接时，异质金属界面易生成 IMCs，这些化合物硬度高、脆性大，接头性能较差[14-15]。（3）应力难协同。二者的热膨胀系数相差较大，焊接时两种金属膨胀、收缩不同步，导致异质金属界面处力学失配[16]。这些问题增加了异质金属焊接的难度。

1.2.1 物理性能差异

1.2.1.1 铜-铝

铜、铝的物理性质差异很大，其中牌号为 L1、L2 的工业纯铝及牌号为 T1、T2 的紫铜的物理性能差异见表 1-1[17]。从表 1-1 可以看出，二者的熔点、热导率、线膨胀系数差异较大，这些将影响焊接热循环过程和结晶条件，使得焊缝熔化和结晶状态不一致，易造成焊接难熔合和焊接热应力，使焊缝处及热影响区产生裂纹。因此，铜、铝焊接时易出现以下主要问题。

表 1-1 工业纯铝（L1、L2）和紫铜（T1、T2）的物理性能差异

材　料	熔点/℃	密度/$g \cdot cm^{-3}$	热导率 /$W \cdot (m \cdot K)^{-1}$	线胀系数 /K^{-1}	电阻率 /$\Omega \cdot m$	弹性模量 /GPa
工业纯铝 L1	660	2.70	217.7	23.8×10^{-6}	28.3×10^{-9}	61.70
工业纯铝 L2	658	2.70	146.6	24.0×10^{-6}	28.3×10^{-9}	61.68
紫铜 T1	1083	8.92	359.2	16.6×10^{-6}	17.0×10^{-9}	108.30
紫铜 T2	1083	8.90	385.2	16.4×10^{-6}	17.2×10^{-9}	108.50

A *难熔及易变形*

从物理性质上说，铜、铝及其合金具有高的导电、导热性能，常温下铜的热导率比铝的大 1 倍以上。在焊接过程中，热量会迅速从母材的加热区传导散失，如果焊接参数选择不当，母材散热太快，会造成填充金属与铜、铝母材不能很好地熔合。

而且铜与铝的熔点相差大，在熔化焊中，铝开始熔化时铜保持固体状态，当铜开始熔化时，铝已过烧，二者难以较好熔合。同时，铜和铝在焊接过程中易氧化，生成高熔点氧化物，很难达到完全熔合的程度[18]。

B 热裂纹

氧对铜的危害最大，它不但在冶炼时以杂质的形式存在铜中，在焊接过程中还以 Cu_2O 溶于铜中。由图 1-1 中可知，Cu_2O 可溶于液态铜，不溶于固态铜，可生成熔点低于铜的易熔共晶[17]。当焊缝含有质量分数为 0.2%以上的 Cu_2O（含氧约为 0.02%）时会出现热裂纹。为保证焊接质量，作为焊接结构的纯铜，氧含量不超过 0.03%，纯铜及脱氧铜满足使用要求。对于重要的结构件，氧的质量分数不应超过 0.01%，仅脱氧铜符合要求。

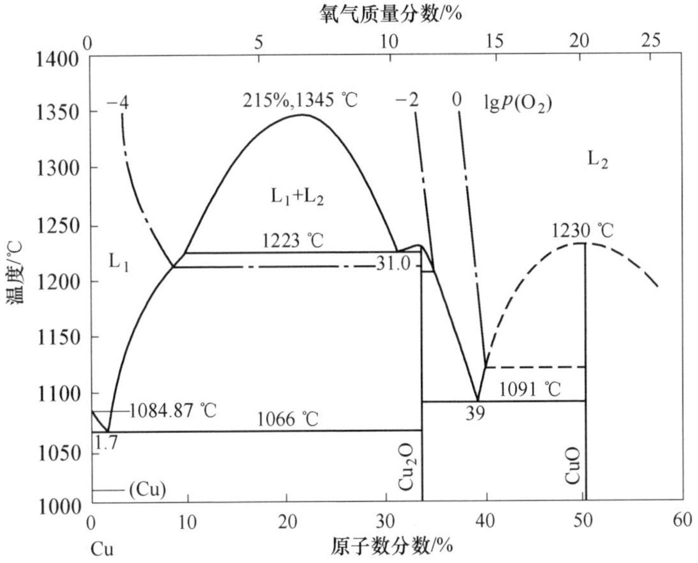

图 1-1 铜-氧二元相图

为解决铜的高温氧化问题，常采用 Mn、Si、C、P、Al、Ti、Zr 等作为脱氧剂进行脱氧。铜中的 Pb、Bi、S 是有害杂质。Pb 微溶于铜，与铜在 955 ℃时形成低熔点共晶(Cu+Pb)。Bi 不溶解于铜，在 270 ℃时与铜形成低熔点共晶（Cu+Bi)，析出于晶间。这些共晶物增大了焊缝的热裂纹倾向。S 虽然能较好地溶解在熔融态铜中，当焊缝凝固结晶时，S 在固态铜中的溶解度几乎为零，并在 1067 ℃与铜形成（Cu_2S+Bi）共晶，其熔点低于铜的熔点，是形成热裂纹的内因，会导致焊缝形成热裂纹[17]。

铝及其合金焊接时，常见的热裂纹主要是焊缝凝固裂纹和近缝区液化裂纹。铝属于共晶型合金。从理论上分析，最大裂纹倾向与合金的“最大凝固温度区间”相对应，由平衡状态图得出的结论与实际情况差别较大。这是焊接加热和冷却过程都很快，合金来不及建立平衡状态，在不平衡的凝固条件下固相线一般要向左下方移动的结果。固相与液相之间的扩散来不及进行，先凝固的固相中合金元素含量少，液相中却含有较多合金元素，导致在较少的浓度下就出现共晶。例如，在80~100 ℃/s冷却速度下，Al-Cu合金的实际固相线向左下方移动，其极限溶解度的成分为$w_{Cu}=0.2\%$（不是原来理论平衡状态的$w_{Cu}=5.65\%$），使得共晶温度降低到525 ℃（原来是548 ℃）。若合金中存在其他元素或杂质时，还有可能形成三元共晶，其熔点比二元共晶更低，凝固区间也更大。易熔共晶的存在对界面能量也有影响，尤其当易熔共晶成薄膜状在晶界上铺展时，会促使晶体分离，增大热裂倾向，这是铝合金焊缝产生凝固裂纹重要原因[18-19]。铝合金在焊缝中形成的热裂纹如图1-2所示[20]。

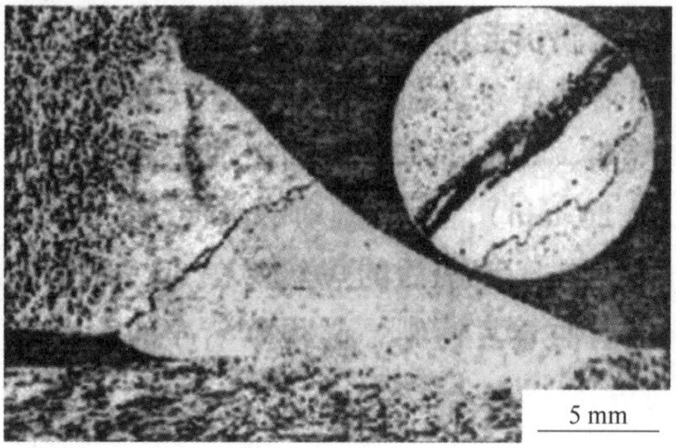

图1-2 铝合金在焊缝中形成的热裂纹

铜与铝焊接时，因铜、铝导热性都极强，使焊缝易生成粗大晶粒，加剧了焊缝热裂纹的形成。同时，二者的线胀系数都很大，使得焊接应力增大，也是焊接热裂纹形成的一个主要原因。近缝区“液化裂纹”同焊缝凝固裂纹一样，是晶间易共晶造成的，在铜/铝焊接时，因二者的热导率、电阻率等物性差异使得焊接区加热不平衡，偏析形成易共晶夹层[21]。图1-3为铝合金在熔合区出现的晶间液化裂纹。

C 焊缝极易产生气孔

弧柱气氛中的氢使焊缝形成气孔，是它在铝中的溶解度随温度变化造成的[21]。平衡条件下氢的溶解度在凝固点从0.69 mL/100 g突降到0.036 mL/100 g，相差约20倍（在钢中只相差2倍），这是氢在铝及其合金焊缝中产生气孔的重要原因。铝及其合金的导热性很强，在同样的条件下，铝焊合区的冷却速度是钢的4~7倍，冷却速度快使气泡不能浮出，易产生气孔。同样，铜及其合金焊接时易在焊缝产生气孔。纯铜氩弧焊时，只要在氩气中加入微量的氢气和水蒸气，焊缝即出现气孔。氢在铜中的溶解度如图1-4所示[22]。由图1-4可以看出，氢气在铜

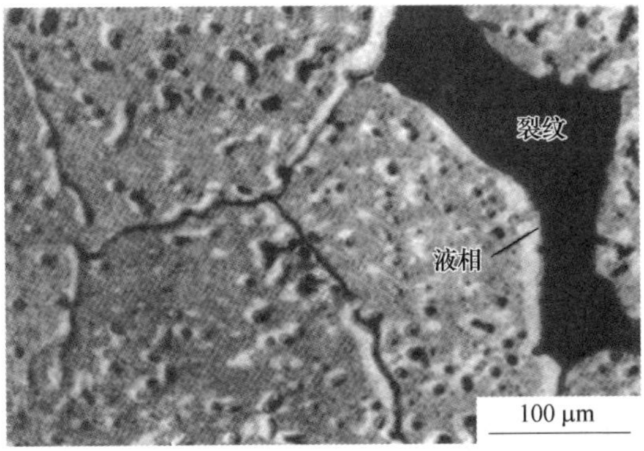

图 1-3 铝合金熔合区的晶间液化裂纹

中的溶解度随温度升高而变大，且在铜的液-固转变时有一突变。在电弧作用下的高温熔池中，在液态铜中氢的极限溶解度与熔点时的最大溶解度之比为 3.7，相同情况下铁仅为 1.4，铜的热导率大，是铁 7 倍以上，冷却速度快使气泡不能浮出，从而产生气孔。

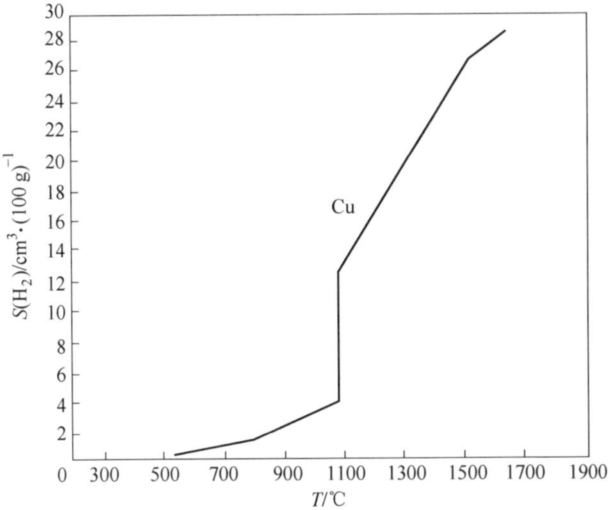

图 1-4 氢在铜中的溶解度（$p_{H_2}=101$ kPa）

1.2.1.2 铜-钢

铜与低碳钢及其合金在物理化学性能方面有着巨大不同，例如线性膨胀系数、导热性及晶体结构。因此铜钢在连接过程中易在接头处发生应力集中、变形及缺陷，严重影响接头力学性能。

A 线性膨胀系数

铜的线性膨胀系数显著高于低碳钢。这一差异导致在焊接过程中，随着温度的升高和降低，铜与钢之间的热膨胀和冷缩程度不一致，从而在接头处产生较大的应力集中和变形。这种物理不匹配是铜/钢接头力学性能降低的主要原因之一。

B 导热性

铜的导热系数远高于低碳钢，使得在相同的焊接工艺参数下，铜板相较于钢板散热更快，难以达到充分的熔化状态。这不仅增加了焊接的难度，还容易导致焊缝中出现未熔合、未焊透等缺陷。同时，快速的散热也加剧了焊缝中气体的来不及逸出，增加了气孔形成的可能性。

C 晶体结构

两种金属为液态时，晶格常数、外层电子数、原子半径及晶格类型方面数值较接近，能够彼此相互扩散溶解，有利于铜/钢连接。通过对图 1-5 分析可知，当两种金属处于液态时，可以彼此无限溶解；而当两种金属为固体时，二者溶解度却非常低。铜与低碳钢的晶体结构不同，这进一步加剧了它们在焊接过程中的不匹配。铜为面心立方结构，而低碳钢为体心立方结构。这种结构上的差异导致了它们在热膨胀、热传导及固态相变等方面的行为不同，从而影响了焊接接头的性能。

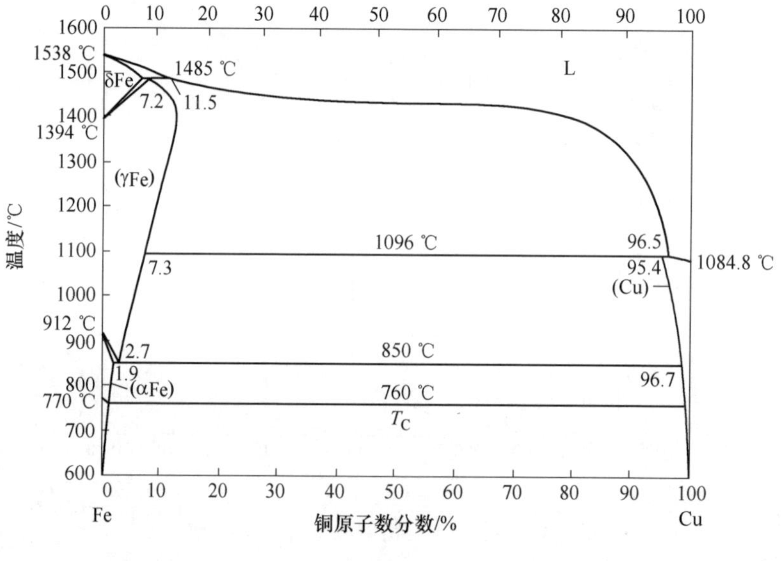

图 1-5 Cu-Fe 二元相图

1.2.2 化学性能差异

1.2.2.1 铜-铝

A 难熔氧化膜

铝及其合金表面极易形成难熔氧化膜（Al_2O_3 熔点为 2050 ℃），氧化膜的密度与铝的密度相近，易成为焊缝夹杂物；同时，氧化膜可吸收较多的水分，这是焊缝气孔产生的主要原因。

B IMCs 问题

Cu-Al 二元相图如图 1-6 所示。铜和铝液态下无限互溶，在固态时固溶度很小，二者在高温下能形成多种 IMCs，主要有 Cu_2Al、Cu_3Al_2、CuAl、$CuAl_2$ 等，这些 IMCs 能显著降低焊缝金属的强度和塑性，甚至使焊缝产生裂纹[21]。铜与氧及 Pb、Bi、S 易形成多种低熔点共晶组织，使接头脆性增大，也易生成热裂纹。同时，Cu_2O 与铜形成的（$Cu+Cu_2O$）低熔点共晶，也会导致焊缝产生夹杂和裂纹。

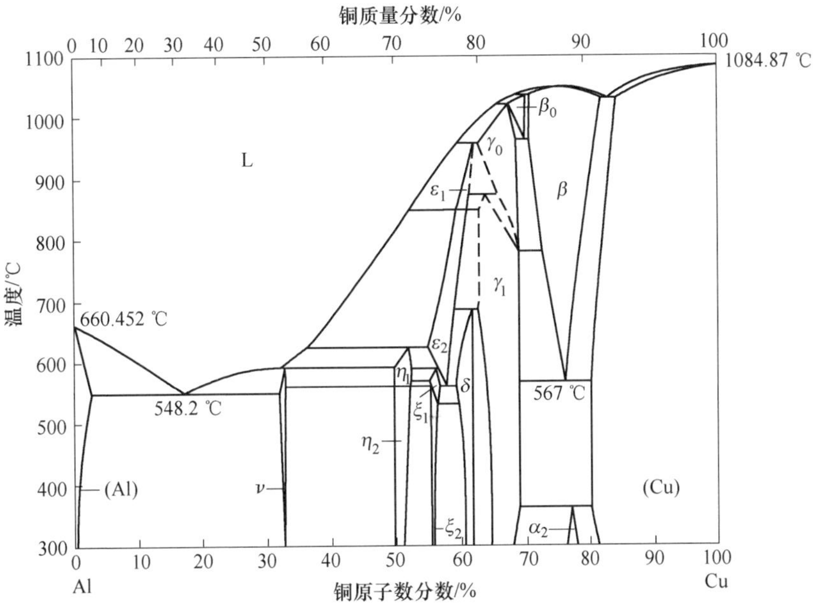

图 1-6 Cu-Al 二元合金相图

C 电化学腐蚀

通常，电化学腐蚀指金属表面与离子导电的介质发生电化学反应产生的破坏。其中，金属在电介质溶液（酸、碱、盐溶液）中的腐蚀是常见的电化学腐蚀。铜对氢的电极电位为+0.34 V，铝对氢的电极电位为 −1.66 V，铜/铝之间的电极电位差为 2 V。二者之间较大的电位差使得铜/铝接头处于湿热的服役环境中时很容易被腐蚀。当钎焊接头发生腐蚀时，易使裂纹萌生并加速扩展，影响接头的力学性能和导电性。如果铜/铝接头的服役环境是高水分、高盐分环境，更容易导致铝的腐蚀，形成腐蚀坑甚至穿孔，影响铜/铝接头的服役寿命，严重威胁其使用安全性和可靠性。

D 服役过程中接头组织的变化恶化接头性能

随着我国经济建设的快速发展，输电容量越来越大，电力负荷大幅增加，对铜/铝异种导体连接可靠性提出了更高的要求。铜、铝的化学亲和力高，超过120 ℃时铜铝间会生成多种金属间化合物，且铜铝金属间化合物硬度高、脆性大、电阻率高。

铜铝焊接过程中难以避免金属间化合物的形成，这些硬脆且电阻率高的金属间化合物会降低接头性能，影响接头性能的完整性和稳定性。作为导电部件的铜铝接头，在服役过程中长期处于通电和超过室温的温升（我国，60~120 ℃）状态，短路过载或受到负载变化影响时，接头温度甚至超过 250 ℃。随着运行时间的延长，焊缝组织中存在的脆硬、高电阻率的金属间化合物会逐渐长大，并可能形成新型的化合物相，导致铜铝焊接接头导电性能进一步降低，力学性能恶化。铜铝焊接不仅需要考虑焊接时金属间化合物的形成，还应考虑接头服役过程金属间化合物的形成和长大，从而增加了铜铝的焊接难度[23]。另外，铜/铝焊接头焊后一般需要进行去应力退火热处理，以消除应力，提高接头的加工性能。高硬脆性和高电阻率的界面 IMCs 会严重恶化接头性能，导致铜/铝接头应力集中，这是铜/铝接头产生裂纹的主要原因之一。因此，铜/铝接头 IMCs 的存在使零部件在服役中增加了连接电阻，提高了运行成本，缩短了接头的使用寿命，是铜/铝焊接存在的主要问题。

1.2.2.2 铜-钢

A 固溶度与扩散相变

在高温下，铜与低碳钢的晶格常数、外层电子数、原子半径及晶格类型等数值较为接近，能够彼此相互扩散溶解。铜/钢在整个焊接过程中，伴随着温度降低，铜和钢的固溶度也会随着温度降低而降低。在焊接过程中，铜与低碳钢之间的元素会相互扩散并发生相变。

焊接温度下降低于 1538 ℃时，在焊缝中存在铜铁两相固溶体，γ/α 相及 ε 相，其中前者是 Cu 固溶于 Fe 形成的固溶体，后者是 Fe 固溶于 Cu 形成的固溶体。只有小于等于 6.5%的 Cu 能够固溶在 δ-Fe 中，小于等于 8.0%的 Cu 能够固溶于 γ-Fe。而在焊缝温度下降到 850 ℃时 Cu 在 α-Fe 中的最大溶解度为 1.4%，等铜/钢焊缝处于室温平衡条件时，仅有 0.3%的 Cu 能够溶解在 Fe 中。在铜钢焊缝处于 1094 ℃时，4%的 Fe 能够溶解在 Cu 中；焊缝温度为 760 ℃时仅有 0.46%的 Fe 能够溶解在 Cu 中；在焊缝温度降低到 650 ℃时 0.2%的 Fe 能够溶解在 Cu 中；当铜钢焊缝在此温度基础上进一步降低时，Fe 能够在 Cu 中的溶解度没有变化。

B 化学反应

在铜/钢异种金属连接过程中由于 O、P、S 易与 S、Ni、V 等基体中的元素形成熔点较低并且脆性较大的化合物，这不仅会导致铜/钢接头在高温时晶体间的键结合力大幅降低，而且致使铜/钢焊缝出现裂纹等缺陷。

1.3 异质金属焊接研究进展

1.3.1 熔化焊

熔化焊即为两种母材在没有受到压力情况下，通过焊接设备加热使得母材在焊缝区域熔化并混合，随着液态金属凝固而紧密连在一起，以此达到连接母材的目的。熔化焊种类较多，包括等离子弧焊、熔敷焊、钨极氩弧焊、激光焊、电子束焊等。通过对铜/钢、铜/铝异种金属连接问题的分析可知，在铜/钢、铜/铝焊接过程中存在着热裂纹及焊接温度引起的合金各元素的烧损或者合金元素偏析等，因此针对铜/钢、铜/铝连接需要采用更有针对性的焊接处理工艺。

常用的铜/铝、铜/钢熔化焊有 MIG 焊、TIG 焊、激光焊和电子束焊等方法。铜/铝熔化焊时，常规的加热方式易造成铜/铝接触面过度熔化形成大量 IMCs，铜/铝接头脆性大，接头质量有待进一步提高，使用较少。激光束焊接作为一种熔焊技术，允许材料吸收激光辐射的能量，将其转化为热量，熔化金属，并形成熔池，熔池熔化的温度随着材料的功率密度增加。光加热因具有高能量密度和精确的控制能力，可在保持铜为固相的状态下熔化铝，同时利用激光热熔化能有效去除铝表面的氧化物，避免传统熔化焊因加热方式产生的缺陷。

李志勇等人[24]采用激光熔焊完成了 2 mm 厚的 5052 铝合金和 H62 黄铜对接试验。研究表明，激光输入能量的高密度性，可以通过激光功率的精准调控实现焊缝能量分布的控制，有效控制脆性 IMCs 层的厚度，激光功率在 2700 W 范围时，获得了性能良好的接头，强度可达 128 MPa。国外学者 Amirhossein Sadeghian 等人[25]在一篇关于铜/钢、铜/铝等异质金属激光焊接在电动汽车领域的综述文献中总结了铜/钢焊接的保持良好接头性能的一个重点是将电子束偏离至钢一侧，保证钢材熔化的同时，铜材保持在熔点温度以下，形成一种“焊接-钎焊”模式，能够保证接头性能的有效提升。马波等人[26]利用 Nd：YAG 激光对0.4 mm厚的 1060 铝（Al）和 110 铜（Cu）进行焊接，研究了不同脉冲波形如何影响金属混合和金属间化合物（IMCs）形成的详细机理，结果表明，具有初始预热阶段的脉冲波形提高了激光吸收效率。该研究为如何在激光焊接中利用脉冲形状调制获得铝片和铜母线之间的典型接头的最佳机械和电性能提供了理论指导。激光热通量高，焊后冷却速度快，可用于精密零件的加工。当用于铝和钢的焊接时，可以通过调整参数来降低焊接应力，同时可以控制金属间化合物的形成。该团队在对铜铝异质金属激光焊接的综述中总结激光焊接工艺的优化依赖于对诸如光斑直径、激光功率和焊接速度等参数的适当控制，以改变基材的混合比并抑制 Al-Cu 接头中脆性 IMCs 的形成[27]。不同的激光输出模式可以改善熔池的流动和温度分布，从而减少气孔和裂纹，使 Al 和 Cu 混合。并对高功率蓝色或绿色激光焊接在焊接铝和铜的应用上进行了展望，后续研究可以集中在短波长激光对铝铜接头质量的影响上。国内程东海等南昌航空航天大学的科研人员[28-29]首次选用等离子弧的焊接方式，成功连接了紫铜（T2）和不锈钢（304），其次采用光镜、能谱分析仪等检测手段研究了铜/钢接头的物相组成及微观组织。通过以上实验分析可得：焊缝在接头铜侧整体为平直的，而在钢侧则为半 χ 型；同时焊缝处的铜侧焊缝界面在焊接过程中产生漩涡状组织，对整个钎缝进行线扫描分析可知 C 元素发生了扩散，这主要是液态钢液流动造成的。在铜钢接头中分布着细小粒状和大的块状 Cu 基和 Fe 基的固溶体，以及奥氏体 Fe 和铁素体组织。

国外 Jyotirmaya Kar 等学者[30]使用电子束焊接了铜（C10300）和 AISi-304 不锈钢板材，通过对振荡光束的研究，得出最佳振荡直径的振荡光束，可以改善熔化区中铜与不锈钢的混合。Yingyot Poo-arporn 等人[31]采用钨极气体保护焊，进行了 OFHC 铜和 AISi304 不锈钢的异种连接。采用了特殊的焊接接头设计，即在短法兰边缘上制作边缘接头的改进型承插焊接法兰。法兰边缘的对接设计成具有不同的高度和厚度。在对接头的界面组织分析中，观测到熔融金属的凝固在铜侧产生小球，而在不锈钢侧观察到枝晶。光纤激光焊接是一种非常流行的制造工艺，光纤激光器的波长比广泛使用的 CO_2 激光器的波长小 10 倍，导致被处理的金属对激光能量的吸收程度更高。在过去 30 年中，CO_2 激光器被积极用于焊接，在这种情况下，进行了大量的实验研究，包括用于异种材料焊接的实验研究。S. V. Kuryntsev 等人[32]使用光纤激光焊接了不锈钢和工业纯铜，在焊接参数为：$P=2.5$ kW，$v=10$ mm/s，焦距+12 mm 时，铜的 HAZ 具有大晶粒，且在该焊接工艺条件下纯铜和不锈钢的焊接件对接接头没有诸如气孔和裂纹的缺陷。

除了使用这些焊接方法对铜/铝、铜/钢异质金属进行焊接之外，还有研究采用多种方法复合熔化焊接接头，程志等人[33]采用 MIG-TIG 双面电弧焊焊接了不同填充金属的铜-不锈钢接头，铜-不锈钢接头采用铜基、铜-镍基和铁基填充金属，具有良好的双面外观。铜基填充接头中的焊接区由具有铜固溶体（s,s）相的均匀结构组成。不混溶的铜和铁的混合物导致焊缝偏析出现在另外两个接头中。Cu-Ni 基和 Fe 基填充接头中的混合相焊接区比 Cu 基填充接头中的焊接区具有更高的冲击韧性。最大抗拉强度从基于体积的填充接头获得，其可以达到铜抗拉强度的 80%。樊丁等人[34]采用等离子弧焊-钎焊方法对 T2 紫铜和 1060 铝合金异种金属进行搭接焊接，并在熔池中添加纳米二氧化硅控制界面金属间化合物。结果表明，添加纳米二氧化硅颗粒后，由于纳米颗粒在铜表面的吸附，铝液与铜基体之间的总界面能降低，润湿角减小。从而使铝熔体具有更好的润湿能力，形

成的 SiO_2 纳米颗粒的屏障作用阻止了铜原子和铝原子的进一步扩散和反应，在一定程度上抑制了 IMCs 层的生长。杨涛等人[35]采用等离子-MIG 复合电弧焊是一种由等离子弧和 MIG 弧组成的混合热源焊接方法，研究了等离子-MIG 复合电弧焊接过程中铜和钢异种合金的界面行为。研究表明，在 Cu/Fe 等离子-MIG 复合电弧焊接过程中，随着等离子电流的增加，通过减小电磁搅拌力和增加热输入来控制界面扩散和界面厚度。且随着人工智能与科技的推动下，熔化焊在某些方面也有希望实现智能化和自动化。国外 Andrei Mitru 团队成员[36]通过机器人焊接工艺实现了铜和 304L 奥氏体不锈钢之间的定性异种接头。通过调整参数值，并进一步分析焊接过程对焊缝几何形状和外观的影响，对机器人焊接制度进行了优化。最后，通过连续调整参数，确定了最佳焊接制度（焊接速度为 14 cm/min，主电流为 125 A，脉冲电流为 100 A，振荡频率为 2.84 Hz，脉冲频率为 5 Hz），获得了合适的异种接头，没有缺陷，密封性试验结果良好。

1.3.2 固相焊

在现代工业的快速发展中，铜/铝、铜/钢复合结构材料因其独特的性能优势，被广泛应用于汽车、电子、航空航天等多个领域。铜以其优异的导电性、导热性和耐腐蚀性，在电气、电子等领域占据重要地位；铝则以其轻质、高强度和良好的加工性能著称，广泛应用于航空、汽车等行业；铜的高强度和良好的机械性能使其在建筑、汽车等行业中发挥着重要作用。将铜与铝、铜与钢进行有效连接，能够充分发挥两者的优点，满足特定工业需求。然而，铜与铝、铜与钢在物理化学性质上存在显著差异，如熔点、热膨胀系数、导热性等，这给传统的熔化焊接方法带来了诸多挑战。熔化焊接过程中容易产生脆性 IMCs，导致接头性能下降，且热影响区较大，可能引起材料性能的降低。固相焊接技术作为一种先进的连接手段，能够在不熔化被焊材料的前提下，通过施加压力、摩擦、搅拌等手段，使材料表面发生塑性变形和扩散，从而实现连接。这一技术具有接头质量高、热影响区小、材料适应性强等优势，有效避免了熔化焊接中的气孔、夹杂、裂纹等缺陷，因此在铜/铝、铜/钢焊接领域受到广泛关注。

在铜/铝固相焊接技术的研究中，摩擦焊技术占据着重要地位。摩擦焊通过摩擦热和机械压力使铜铝界面发生塑性变形，实现固相连接。旋转摩擦焊和直线摩擦焊是其主要形式。旋转摩擦焊利用铜或铝作为旋转件与固定件之间的高速旋转接触产生摩擦热，形成机械互锁和冶金结合，能够获得较高的接头强度，且焊接过程稳定，易于控制。然而，该方法对工件的几何形状有一定要求，且焊接时易产生飞边，需后续加工处理。直线摩擦焊则通过铜铝工件在直线方向上的往复运动产生摩擦热，对工件形状的适应性更强，但焊接过程中的热量分布和控制较为复杂，接头质量易受焊接参数影响。近年来，研究者们对摩擦焊工艺参数进行了深入研究，优化了焊接温度、压力、速度等参数，以提高接头的性能和可靠性。例如，通过调整焊接温度和压力，可以控制金属间化合物的生成和分布，减少脆性相的产生，从而提高接头的强度和韧性。此外，还研究了不同材料组合下的摩擦焊特性，为实际生产中的材料选择和工艺优化提供了理论依据。

搅拌摩擦焊（friction stir welding，FSW）作为一种新型的固相焊接技术，在铜/铝焊接中展现出良好的应用前景。它通过非消耗性搅拌头在铜铝接头处旋转并施加压力，使界面金属发生塑性变形和动态再结晶，实现固相连接。该方法具有焊接变形小、焊接质量高等优点，能够有效控制铜铝界面的金属间化合物生成，获得良好的接头性能。然而，搅拌摩擦焊对搅拌头的设计和制造要求较高，且焊接设备成本相对较高。研究者们不断改进搅拌头的结构和材料，以提高其耐磨性和使用寿命，并优化焊接工艺参数，如搅拌头的旋转速度、移动速度、倾斜角度等，以获得更优质的焊接接头。例如，通过调整搅拌头的旋转速度和移动速度，可以控制焊接区域的热输入和金属流动，促进金属间的混合和冶金结合，从而提高接头的强度和导电性能。

超声波焊接在铜/铝焊接中也得到了广泛应用。该方法利用高频振动产生的机械能转化为热能，使铜铝界面金属发生塑性变形和冶金结合。超声波焊接具有焊接速度快、热影响区小、焊接质量高等优点，能够有效避免金属间化合物的过度生长，获得较高的接头强度和良好的导电性能。但超声波焊接对焊接设备的精度和稳定性要求较高，且焊接时易产生噪声。为了提高超声波焊接的质量和效率，研究者们对焊接设备进行了改进，如优化换能器的设计和制造工艺，提高其能量转换效率和稳定性；同时，还研究了不同焊接参数对焊接质量的影响，为实际生产中的工艺优化提供了指导。

铜/铝固相焊的机理主要包括界面反应与扩散、塑性变形与动态再结晶、界面清洁与冶金结合等方面。在固相焊过程中，铜铝界面会发生原子级别的扩散和反应，形成一定的扩散层和金属间化合物。塑性变形能够使界面金属的晶格发生扭曲和变形，增加晶界面积，促进原子的扩散和反应。同时，金属会发生动态再结晶，形成新的细小晶粒，消除焊接过程中的残余应力，提高焊接接头的塑性和韧性。焊接前对铜铝表面进行清洁处理，去除表面的氧化膜、油污等杂质，能够使铜铝原子直接接触，形成冶金结合。研究者们通过实验和模拟计算等手段，深入研究了铜/铝固相焊的机理，揭示了不同焊接方法和参数对焊接接头性能的影响规律，为焊接工艺的优化和新材料的开发提供了理论支持。

尽管铜/铝固相焊具有许多优点，但仍存在一些问题和挑战。焊接过程中可能会出现未焊合、气孔、裂纹等焊接缺陷，降低焊接接头的性能和可靠性。此外，一些固相焊方法所需的焊接设备成本较高，限制了其在工业生产中的广泛应用。未来的研究需要进一步优化焊接工艺参数和焊接设备，减少焊接缺陷的产生，并开发更加经济实用的焊接设备，以推动铜/铝固相焊技术的进一步发展和应用。

在铜/钢焊接领域，固相焊接技术同样取得了显著进展。铜和钢作为两种性能迥异的金属，铜以其优异的导电性、导热性和耐腐蚀性在电气、电子等领域占据重要地位，而钢则凭借高强度和良好的力学性能广泛应用于建筑、汽车等行业。将铜与钢焊接成复合结构，可以充分发挥两者的优点，满足特定工业需求。然而，铜与钢的物理化学性质差异较大，如熔点、热膨胀系数和导热性等，这使得传统熔化焊接方法在铜/钢焊接中面临诸多挑战，如易产生气孔、夹杂、裂纹等缺陷，且热影响区较大，可能导致材料性能下降。固相焊接技术能够在较低温度下实现材料连接，有效避免熔化焊接中的问题，因此在铜/钢焊接领域受到广泛关注。

扩散焊是铜/钢焊接中的一种重要固相焊接方法。它通过在一定的温度和压力下，使铜与钢的接触表面发生原子扩散，实现连接。扩散焊能够获得高质量的接头，但存在焊接温度较高、保温时间长、生产效率低等问题。为提高扩散焊效率，研究人员探索了引入中间层材料的优化措施。中间层材料能降低扩散焊温度和时间，同时改善接头性能。例如，银作为中间层材料，能与铜和钢形成良好冶金结合，提高接头强度和导电性。通过优化中间层材料的种类和厚度，可以进一步提高扩散焊的性能和效率，满足不同工业应用的需求。

摩擦焊在铜/钢焊接中也得到了广泛应用。它利用机械摩擦产生的热量和压力，使铜与钢的接触表面发生塑性变形和扩散，实现连接。摩擦焊具有焊接速度快、热影响区小、接头性能优异等优点。在铜/钢摩擦焊过程中，摩擦热使铜和钢的表面层达到塑性状态，通过机械压力压紧实现连接。焊接质量与焊接参数密切相关，如摩擦压力、摩擦时间、顶锻压力等。优化这些参数能有效控制焊接过程中的热输入和塑性变形，获得高质量接头。例如，适当的摩擦压力和时间确保铜与钢表面充分塑性变形和扩散，而过高顶锻压力可能导致接头过热或变形过大。此外，摩擦焊还可与其他焊接方法结合使用，如摩擦-熔化复合焊接，进一步提高接头性能和焊接效率。

搅拌摩擦焊在铜/钢焊接中展现出良好的应用前景。它通过旋转的搅拌头与焊接工件之间的摩擦和机械搅拌作用，使铜与钢的接触区域发生塑性变形和材料混合，实现连接。搅拌摩擦焊具有焊接温度低、热影响区小、接头性能优异等优点。焊接过程中，搅拌头的旋转速度、移动速度、倾斜角度等参数对焊接质量有重要影响。合理参数选择能确保焊接区域的充分塑性变形和材料混合，获得高质量接头。同时，搅拌摩擦焊还可通过优化搅拌头设计和材料选择，进一步提高焊接性能。例如，采用硬质合金或陶瓷材料制成的搅拌头，能提高搅拌头的耐磨性和使用寿命，适应铜/钢焊接的高温和高压环境。

除了扩散焊、摩擦焊和搅拌摩擦焊，还有其他固相焊接技术在铜/钢焊接中得到研究和应用，如爆炸焊、冷压焊、磁脉冲焊等。这些方法各有特点和适用范围，为铜/钢焊接提供了多样化的选择。爆炸焊利用炸药爆炸产生的冲击波能量，使铜与钢在极短时间内实现连接，具有焊接速度快、接头性能优异等优点，但焊接过程难以控制，存在安全隐患；冷压焊通过在常温下施加高压，使铜与钢的接触表面发生塑性变形和扩散，实现连接，设备简单、成本低，但焊接强度相对较低，适用于低强度要求的场合；磁脉冲焊利用强磁场脉冲产生的电磁力，使铜与钢在瞬间实现连接，焊接速度快、热影响区小，但设备复杂且成本较高。

尽管固相焊接技术在铜/钢焊接中展现出诸多优势，但仍面临一些挑战和问题。铜与钢的热膨胀系数差异较大，在焊接过程中容易产生热应力和变形，影响接头性能和稳定性。此外，铜与钢之间的化学活性差异较大，容易在焊接界面处形成脆性的金属间化合物，如 Fe-Cu、Fe_3Cu 等，这些化合物会降低接头的强度和韧性。固相焊接过程中的微观组织演变复杂，不同焊接方法和参数对微观组织的影响机制尚不完全明确，需要进一步深入研究。

1.3.3　钎焊

在提高机械设备技术性能和服役可靠性的同时，尽量减少金属等各种原材料的消耗量，是现代制造业所面临的最迫切的问题之一[37]。铝和铜及其合金由于兼具优异的耐腐蚀性、较高的机械强度及优良的电和热传输等性能，已经被广泛应用于电力电气、制冷化工及航空航天各个领域，特别是密度较低的铝合金，每年的消耗量仅次于钢铁，为世界第二大消耗金属材料[21,38]。而随着近年来电解铜价格的不断上涨，用性能相近且密度更低的铝及其合金代替紫铜已是大势所趋，特别是许多机械设备的零部件仅有部分结构需承担特定热载荷、机械载荷或腐蚀介质的作用，采用铜铝复合结构不仅可以节约铜材，而且可以发挥两种金属各自的优势。另外，铜及其合金属于战略稀缺资源，我国每年需进口大量铜矿石和铜型材来弥补国内生产使用的缺口，因此“以铝代铜”这一过程在我国显得尤为必要[7]。

Cu/Al 接头作为一种电连接和热传递被广泛应用。由于铜和铝之间的高化学亲和力，在生产过程中不可避免地产生金属间化合物，例如 $CuAl_2$、CuAl。由于界面反应，薄层 IMCs 有利于冶金结合。然而，当金属间化合物的总厚度超过 2~5 μm 时，厚层金属间化合物对接头的性能有害。固态焊接适合于将 Cu 连接到 Al，因为它们可以通过引入严重的塑性变形来抑制界面 IMCs 的形成和生长。固态扩散连接和瞬时液相连接被用于连接铜和铝，虽然在低共晶温度下进行固态扩散连接以避免液体导致的缺陷，但是长的连接时间和高的连接压力促进了 IMCs 的生长。瞬时液相（TLP）扩散焊接可通过高于共晶温度的等温凝固在微观结构和成分上产生均匀的接头。在 TLP 连接中，通常可以通过等温凝固产生不含脆性相（如共晶组织和 IMCs）的良好异种接头。然而，IMCs 仍然是某些活性金属 TLP 连接中不可避免的问题。例如，完成等温固化的长结合时间可导致在热塑性材料中的各种 IMCs。Wang 等人[39]采用 Al-8Si-4Cu-2Mg-1Ga-0. 05Ce 中间层在高于共晶温度和低于铝熔点的温度下在中等钎焊压力下扩散钎焊铜和铝。通过控制界面 IMCs，采用合适的扩散钎焊工艺参数，获得了良好的 Cu/Al 接头。钎焊过程中的压力减少了接头中产生的共晶组织，在接头中留下薄的 $Cu_9Al_4/CuAl_2$ 界面反应层。但随着钎焊时间的延长，接头中 $CuAl_2$ 相迅速长大，导致接头中出现空洞，接头性能下降。

剧烈的塑性变形会导致晶体缺陷和晶粒细化，有利于短路扩散，进而促进金属间化合物的生长。但是严重塑性变形的引入在连接结构的几何形状和尺寸方面具有一些限制。与固态焊接相比，考虑到形状和尺寸的简单性和不受限制，适合采用钎焊将 Cu 连接到 Al。钎焊是使用熔点比母材熔点低的材料作为钎料，加热温度低于母材熔化温度，而高于钎料的熔化温度，利用钎料的润湿性能，进行工件连接的技术。钎焊主要有易保证工件的尺寸精度、可进行大批量连续焊接、钎焊反应一般只在母材表面的界面进行，易于异种金属的连接等优点[40]。由于其应用广泛，导致近些年来钎焊迅速发展，尤其是近 20 年来钎料年产量、年产值均增长近百倍。为了满足现代工业的绿色化和高效化的发展要求，出现了自钎钎料、复合钎料、非晶钎料、预成型钎料、洁净钎料等新型钎焊材料[10]。钎料的研发已经成为当今世界钎焊领域研究的重点。

采用钎焊连接铜铝异质金属，焊接过程中母材不熔化，可以在较大程度上减少接头处脆性金属间化合物的生成。目前铝和铜的钎焊主要存在以下困难：铝表面存在一层致密的氧化膜，氧化铝薄膜非常稳定，而且在其破坏后，又能立马生成新的氧化膜；纯铜和纯铝之间的冶金不相容性较大，在室温下，铜与铝之间的固溶度非常小，主要以化合物的形式存在；铜和铝的熔点及线膨胀系数差距大，钎焊时升温速度快、高温停留时间短、冷却速度快，铜和铝的变形量不同，会产生严重的残余应力；这些因素大大增加了铝和铜钎焊的难度。通过熔化钎料或熔化铝来形成液相以实现铜和铝之间的冶金结合。液态凝固后，界面处形成了大量的金属间化合物和粗大的共晶组织，接头中普遍存在裂纹、气孔等缺陷。这些缺陷和金属间化合物降低了接头的强度和塑性。Zhang[41]研究了 Zn-xAl（x 指质量分数，为 2%~25%）钎焊 3003Al/T2 紫铜和 1035Al/T2 紫铜接头的界面反应及填充金属对接头力学性能的影响。对于 3003Al/Cu 接头，焊缝中形成了 CuAl 和 $CuAl_2$ IMCs，Cu 侧界面处形成了 CuAl IMCs 层。对于 1035Al/Cu 接头，在钎焊焊缝中形成了块状 $CuAl_2$ IMCs，在 Cu 侧界面处形成 Al4. 2Cu3. 2Zn0. 7 IMCs 层。显微组织分析表明，在 3003 和 1035Al/Cu 接头中，Cu 侧的块状金属间化合物数量多于 Al 侧，这是焊缝/Cu 界面处 Cu 浓度较高所致。因此，由于 IMCs 层和钎焊缝合金之间的刚度失配，以及主要发生在 Cu 侧的钎焊缝/IMCs 界面处的断裂，在 Cu 侧的该界面处易形成应力集中和裂纹萌生。而对于 1035Al/Cu 接头，在钎焊缝中仅形成了块状 $CuAl_2$ IMCs。随着钎料中 Al 含量的增加接头中的 IMCs 比例不断增加，在两种接头中均获得了较薄的界面 IMCs 层。块状 Cu-Al IMCs 的增加，在焊缝中的起到弥散强化的作用，增加了接头强度。然而，随着过量的 Al 含量（质量分数超过 12%），钎缝中的 IMCs 变粗，钎缝/Cu 界面处的 IMCs 层变厚。应力集中，导致接头强度降低。

钎焊参数的选择对界面微观组织与接头性能起着重要作用，当钎焊温度低时，由于原子扩散不足，不足以实现冶金结合，而过高的钎焊温度会导致界面金属间化合物的过度生长，不利于钎焊接头的强度。Xia 等人[42]采用真空钎焊及 Al-Si 钎料对 Cu/Al 进行了钎焊，研究中发现 Al 晶粒的长大是 Al 基体与钎料中 Si 元素发生共晶反应的结果。在该反应中，Al 熔化在低于熔点的温度下发生。根据 Al-Cu 相图，生成的棱柱结构是 α-Al 固溶体，由于 Si 原子在 Al 基体中的扩散，Si 元素的浓度从棱柱结构的根部到顶部逐渐增加。Al 棱柱状组织的适当生长有利于提高接头的力学性能。但如果工艺参数不合适，棱柱结构的生长控制困难。铝基体的严重熔合甚至会严重影响接头的尺寸精度。

Li 等人[43]设计一种具有较低熔点、较好强度和塑性的 Al-Si 钎料合金用于 Cu/Al 接头，并添加了 Cu、Ni、Zr 和 Er 元素对传统的 Al-Si 共晶钎料进行改性。研究了钎料和 Cu/Al 接头的显微组织和力学性能。结果表明，Al-Si-Ni-Cu 钎料主要由 $Al_{(s,s)}$、$Al_2(Cu,Ni)$ 和 $Si_{(s,s)}$ 组成。采用 Al-10Si-2Ni-6Cu 填料钎焊的相应 Cu/Al 接头主要由 $Al_8(Mn,Fe)_2Si$、$Al_2(Cu,Ni)_3$、$Al(Cu,Ni)$、$Al_2(Cu,Ni)$ 和 $Al_{(s,s)}$ 组成，Cu 含量对钎料和钎焊接头的显微组织有显著影响。在钎料合金中，随着 Cu 含量的增加，Al-Cu IMCs 的面积分数和晶粒尺寸先减小后增大。这是因为适量的 Cu 可以显著增强 Al-Cu 金属间化合物的形核位置，从而导致晶粒细化。当 Cu 过量时，形核位置不会显著增加，但过量的 Cu 不可避免地增大了 Al-Cu IMCs 的面积分数和尺寸。在钎焊接头中，随着钎料合金中 Cu 含量的增加，Cu/钎焊合金界面处的 Al-Cu IMCs 层厚度逐渐减小。Al-Cu IMCs 层的形成归因于 Cu 基底金属的 Cu 元素。在钎料中添加少量 Er 和 Zr 的钎焊接头中观察到显著的晶粒细化。微量的 Er 和 Zr 可以作为有效的微合金化元素细化晶粒。Cu、Ni、Zr、Er 改性的 Al-Si 钎料合金能有效降低其低熔点，同时抑制脆性 Al-Cu IMCs 的负面影响，钎焊接头具有良好的抗拉强度，这主要归因于无裂纹的界面、较低的脆性 Al-Cu IMCs 和晶粒细化效应。

对于除真空和超声波钎焊之外的大多数钎焊工艺，钎剂的应用是不可缺少的。钎焊过程中钎料的润湿主要取决于钎料本身的性能与钎剂，钎焊接头的强度取决于钎料与母材的作用。钎剂的主要目的是降低母材和钎料的界面张力，因此，能够达到此目的的材料都能称为钎剂。按其功能钎剂分为：基质、去膜剂和界面活性剂。氯化物和氟铝盐钎剂是 Cu/Al 钎焊常用的钎剂。碱金属的氯化物混合盐组成了氯化物钎剂的基质，其主要作用是调节钎剂的熔化温度。F 的主要作用是破坏氧化膜，F 浓度越大，氧化物剥离的速度越快。钎剂的重金属离子是界面活性剂。由于氯化物钎剂易吸潮，致使它储存困难，焊后清洗存在困难，而且存在污染。张满[44]采用 Zn 基钎料配合无腐蚀 CsFAlF3 钎剂对铜铝实施了火焰钎焊。其研究表明，当钎料中的 Al 元素在质量分数为 2%~25%范围内变化时，钎缝中的组织逐渐由单相的 η-Zn 转变为 η-Zn、α-Al+$CuAl_2$ 两相组织。$CuAl_2$ 化合物相出现于钎料中 Al 含量（质量分数）为 15%时，而 Cu/Al 接头的最大剪切强度值也同时出现。因此，恰当的界面化合物厚度有利于 Cu/Al 接头获得优良的力学性能。其又进一步研究了同 Cu 相溶元素 Ag 对 Zn-Al 钎料及 Cu/Al 钎焊接头性能的影响，试验发现添加适量的 Ag 可以增加钎料在 Cu 母材上的润湿铺展性能，当钎料中 Ag 含量（质量分数）为 3.3%时，Cu/Al 接头的剪切强度要高于 Zn-15Al 钎料所得接头。其分析指出，由于 Ag 原子较大，弥散分布于钎缝中的 Ag 原子可以起到固溶强化的作用，从而提高接头强度。另外，其研究还认为 Ag 原子可以促进 $CuAl_2$ 形核，从而减少了粗大 $CuAl_2$ 的生成，降低了接头裂纹萌生的倾向。刘正林等人[45-46]采用 Zn-Al 钎料配合高频感应加热的工艺对铜铝进行了钎焊，其研究发现当铝含量（质量分数）超过 10%时，接头靠近 Cu 侧界面处会有 CuAl 和 $CuAl_2$ 两层化合物出现。而随着铝含量的增加，钎缝中也会逐渐出现这两种化合物并最终导致接头失效。

1.4 异质金属钎焊接头腐蚀行为特征

异种金属在焊接的过程中，整个焊接接头形成了多种不同的区域，并且每个区域的微观组织及性能特征是不相同的，组织决定性能，因此与同种金属焊接接头相比较，异种金属焊接接头腐蚀行为相对于同种金属而言更加复杂。例如焊接接头各区域间通常不仅在组织结构上存在差异，而且在腐蚀电位上也会存在差异，使接头的耐腐蚀性不仅与自身材料的特性有关，还要受到接头各区域之间复杂的电偶腐蚀作用的影响。因此异种金属焊接接头中特殊复杂的腐蚀行为致使接头的腐蚀现象较同种金属间的焊接接头相比会有明显的不同，对于异种金属接头的腐蚀行为研究应从更复杂深入的角度去分析解释。异种金属焊接接头最容易发生的腐蚀行为是电偶腐蚀。电偶腐蚀是指异种材料连接在一起浸入电解液中，由于其接触面不同的电极电位而引起的电化学腐蚀。当不同腐蚀电位的相暴露于腐蚀介质时，可以产生大量微腐蚀电偶，这加速了低电位相的腐蚀。焊接接头成型后，在焊接部位会形成焊缝区，与两种不同的母材区组成宏观电偶对，而且对于复杂的焊缝组织而言，焊缝区域各微观组织之间也会形成微观的电偶对，因此导致焊接接头在服役环境中表现出复杂多样的行为。

1.4.1　盐雾腐蚀

对于常用于钎焊铜铝的 Zn-Al 钎料而言，研究者们发现可以通过在 Zn-Al 钎料中加入 Ag、Cu 等元素来改善钎料的耐腐蚀性能[47-48]，殷祚炷等人[49]以此为基础，分别研究了 Zn-Al、Zn-Al-Cu、Zn-Al-Ag 三种钎料的腐蚀行为及其接头显微组织、力学性能，并对比了腐蚀前后钎焊接头的抗剪强度，发现三种钎料的腐蚀点位相差不大，Zn-2Al 钎料腐蚀电流密度为 1.0246×10^{-5} A/cm^2，Zn-2Al-1.2Cu 钎料腐蚀电流密度为 2.5396×10^{-5} A/cm^2，Zn-13Al-5Ag 钎料腐蚀电流密度为 2.7489×10^{-5} A/cm^2。根据腐蚀动力学分析可知，电流密度表征的是发生腐蚀时的强烈程度；腐蚀电流密度越小，其耐腐蚀性能越好。因此，Zn-13Al-5Ag 的耐腐蚀性能最好，Zn-2Al 耐腐蚀性能最差。腐蚀后 Zn-13Al-5Ag、Zn-2Al-1.2Cu 和 Zn-2Al 三种钎料接头的抗剪强度下降率分别为 29.4%、24.5%和 23.7%，这是由于钎料接头铜侧界面处金属间化合物为高电位阴极相，与钎缝中的 α-Al 相形成高电位差，从而导致抗剪强度下降。Zn-13Al-5Ag 钎料接头钎缝中 $AgZn_3$ 增强相不易发生阳极溶解进入溶液，该钎料中弥散分布的细微的 α-Al 相阳极溶解后在接头表面形成钝化膜，使反应不易进行，因此其耐腐蚀性能最好。

王凯等人[50]对铜/铝钎焊用 Zn-Al 钎料的电化学腐蚀性能进行研究。结果表明，未添加 Mg 元素的 Zn-22Al-1.5Si 合金表面出现较大的黑色腐蚀坑。合金表面失去金属光泽、粗糙、覆盖了一层疏松的腐蚀产物，而添加了 Mg 的 Zn-22Al-1.5Si 合金出现了较小的腐蚀坑。加入质量分数为 0.03% Mg 的钎料试样表面光洁度最高，表明其耐蚀性最高。研究表明，Mg 元素的加入，可以提高合金的晶间腐蚀、剥落腐蚀及应力腐蚀抗力。在 Zn-22Al-1.5Si 合金中加入 0.03%的合金元素 Mg，Mg 元素会与合金中 Si 元素发生反应生成不规则块状的 Mg_2Si 相，从而显著提升合金的耐蚀性但不会对焊接接头的剪切强度造成很大影响；随着Zn-22Al-1.5Si 合金中 Mg 含量的进一步增加，所形成的大块状 Mg_2Si 相数量相应增多，合金的耐蚀性和焊接接头的剪切强度均有所下降。由此可知，在 Zn-22Al-1.5Si 钎料中加入微量的 Mg 元素可以提高耐腐蚀性能。

冯立臣[51]用三种成分的 Zn-Al 药芯钎料感应钎焊铜铝，发现铜母材的自腐蚀电位最高，腐蚀电流密度最小，耐腐蚀性能最好，而铝母材自腐蚀电位最低，其腐蚀电流密度最大，因此铝母材的耐腐蚀性能最差。FC502（Zn-2Al-0.02Mn-0.05Cu-0.002Mg）钎缝的腐蚀电位为−0.9773 V，E05NC（Zn-2Al-0.02Mn-1.2Cu-0.002Mg 和微量 Ag）钎缝的腐蚀电位为−1.0269 V，SUPER 5A（Zn-13Al-5Ag-

0.02Mn-0.05Cu-0.002Mg）钎缝的腐蚀电位为-0.9793 V，三者的腐蚀电位均高于铝母材。其中 E05NC 钎缝的腐蚀电位略低于 FC502 钎缝的腐蚀电位，但由于前者的腐蚀电流密度小，因此其腐蚀速率也较小，抗电化学腐蚀性能略好于 FC502 钎缝。原因主要是 E05NC 钎料中加入了一定含量的 Cu 和微量的 Ag，而 Cu 的电极电位比较高，固溶在 α-Al 固溶体中时，可以使 α 相与杂质元素间的电化学性能的差别减少，因此提高了基体的耐腐蚀性能。SUPER 5A 钎缝的腐蚀电位是三者中最高的，其腐蚀电流密度又是三者中最小的，因此其耐腐蚀性能最好。原因主要是 SUPER 5A 钎料中铝含量增加，而且加入了 Ag 元素，Ag 元素在钎料中只以固溶体的形式存在，银与锌的亲和力大，减缓了铝母材向钎料合金中晶间渗透，并且 Ag 元素的加入，可使钎料中枝状组织细小均匀，Ag 的标准电极电位为+0.7991 V，有利于提高基体的耐腐蚀性能。

冯印典[52]用自己设计的一系列 Al-Si-Cu-Ni 基钎料钎焊铜铝，发现随着 Cu 含量的增加，钎料的耐腐蚀电位降低（腐蚀倾向变大），腐蚀电流先增大后减小（腐蚀速率先增大后减小）。这种现象主要是钎料合金中的第二相 $CuAl_2$ 化合物数量与组织形貌变化造成的。第一方面：$CuAl_2$ 相数量随着 Cu 含量的增多而增多，阴极相增多，耐腐蚀性能下降。第二方面：Cu 含量增多，使得原本弥散分布的 $CuAl_2$ 相聚集，组织变粗大，更容易发生腐蚀。第三方面：$CuAl_2$ 相变粗大导致和 Al 基体接触变小，使得钎料难以发生局部区域原电池。在 Cu 含量（质量分数）从 2%→4%，第一方面作用大，钎料耐腐性能下降。当 Cu 含量从 4%→6%，第一、第二方面作用强于第三方面，所以接头耐腐蚀性能进一步下降，在 Cu 含量从 6%→8%，第三方面作用强于第一第二方面，接头耐腐蚀性能略有提高。在 8%→10%，三方面综合作用下，使得钎料的腐蚀倾向变大，腐蚀速率却减小。3003 铝合金母材的腐蚀电位为-1.47 V，紫铜母材的腐蚀电位为-0.45 V。可见铝母材与钎料的电位差较为接近，而铜母材与钎料的电位差较大，因此在铜母材与钎料的界面上更容易发生腐蚀，且腐蚀程度更大。

1.4.2 电化学腐蚀

吴爽登等人[53]对使用 Zn-Sn 钎料制备得到的 Cu/Al 感应钎焊接头进行盐雾腐蚀试验，发现在盐雾条件下，焊缝层首先发生腐蚀，其次 Al 母材被腐蚀，而铜的腐蚀较少。焊接工艺参数对腐蚀性能无明显的影响，焊缝部位的腐蚀行为对接头剪切强度的影响较大，接头残余抗剪强度随着腐蚀时间延长逐渐降低，腐蚀 7 天后的接头剪切强度仅为初始的 22.2%。

Ye 等人[54]采用盐雾试验研究了 3 种 Zn-Al 钎料钎焊 Cu/Al 接头的腐蚀行为。对腐蚀前后钎缝的组织和成分进行了研究和比较。结果表明，在焊接接头中存在两类腐蚀现象，暴露焊缝处的点蚀和焊缝内部的腐蚀裂纹。点蚀发生在块状富锌析出相处，交错排列的 $CuAl_2$ 相和 α-Al 可以阻止点蚀的发生。腐蚀裂纹沿着扩散层或富锌析出物扩展。较厚的扩散层和大量的富锌析出物加速了腐蚀裂纹的扩展。Zn-15Al、Zn-22Al 和 Zn-28Al 钎焊接头经 36 h 盐雾腐蚀后，初始强度分别损失了 45%、38%和 30%。随着钎料中 Zn 含量的增加，接头的耐蚀性急剧下降，因此为了提高接头耐腐蚀性能可以选择使用低 Zn 含量钎料或者在钎料中加入元素。为了提高接头的耐腐蚀性能，Ye 等人[55-56]在 Zn-Al 钎料中加入 Si，用 Zn-Al、Zn-Al-xSi 钎料钎焊铜铝，研究了 Si 含量（质量分数）对铜铝钎焊接头腐蚀行为的影响。发现在 Zn-Al-Si 钎料中添加 Si 元素，可以从降低点蚀坑深度的生长速率和减缓应力腐蚀裂纹扩展速度两方面显著提高钎料的耐蚀性。通过适当添加 Si（质量分数为 0.5%～1.5%），会改变 $CuAl_2$ 相和 Zn-Al 共晶体的形貌。Zn-Al共晶被破坏、分散，Zn 的反应被抑制。因此，Zn-Al-Si 接头的耐点蚀性能得到了很大的提高。然而，硅的过量添加（超过 1.5%）导致 $CuAl_2$ 相的长大。动力学研究表明，Zn-22Al 接头的腐蚀坑面积和深度的增长速率均大于 Zn-22Al-Si 接头。应力腐蚀裂纹起始于铝基体侧的扩散层。当钎料中 Si 含量超过 1.0%时，扩散层厚度明显减小，抑制了腐蚀裂纹的扩展。Zn-22Al-1.5Si 和 Zn-22Al-2.0Si 接头在中性盐雾试验 36 h 后的残余强度最高（27.57 MPa）。剪切试样断口上未发现腐蚀产物和大量腐蚀介质。

陈国财[57]对激光熔钎焊铜铝接头进行盐雾实验，由微观组织分析可知，在盐雾环境 24 h，焊缝中心处表面有明显的白色 $Zn(OH)_2$ 和黑色 AlOOH 等腐蚀产物附着，部分位置出现细小的腐蚀裂纹，铝侧熔合区的腐蚀程度相对较低；腐蚀周期进行到 72 h 时，焊缝表面处附着的腐蚀产物随着裂纹的增多开始掉落，点蚀现象向着剥落腐蚀发展，而铝侧熔合区的表面也出现了腐蚀产物，铝侧热影响区表面仅出现细小的点蚀孔洞；当盐雾周期到达 144 h 后，焊缝部位的腐蚀程度随着剥落腐蚀现象的发展而进一步加深，焊缝表面腐蚀孔洞直径增大，其中表面的腐蚀产物能够有效地阻止腐蚀向焊缝内部深入，而铝侧热影响区由于表面生成的黑色 AlOOH 氧化膜表现出较强的耐腐蚀性能。随着腐蚀周期增长及腐蚀作用的加深，接头抗拉强度随之减小。焊缝处腐蚀行为的发生是引起接头力学性能降低的主要原因，腐蚀过程中生成的腐蚀产物能够阻碍腐蚀行为向焊缝内部发展，使得接头抗拉强度损失率减小，腐蚀 144 h 后的接头抗拉强度为初始时的 42.22%。

由此而见，虽说异质材料接头电偶腐蚀是最主要的腐蚀行为，但是不同的异质材料及不同的腐蚀环境下的接头的腐蚀机理是存在很大的差异的，必须针对异种金属焊接接头的具体材料及服役环境去具体分析它的腐蚀行为与腐蚀机制。这对于了解异种焊接接头的腐蚀特征和规律，预判服役过程中的构件寿命及腐蚀防护工作的进展都有深远的理论指导意义。

1.5 异质金属焊接局限性

异质金属焊接是将两种不同金属材料通过焊接工艺结合在一起的技术，广泛应用于航空航天、汽车制造、电子设备等领域。然而，这种焊接技术也存在一些局限性。以下是四条主要的异质金属焊接的局限性。

（1）焊接接头的脆性。异质金属焊接常常会导致焊接接头的脆性增加。这是由于不同金属之间的物理和化学性质差异，焊接过程中产生的金属间化合物（IMCs）可能具有较低的韧性。例如，铝与铜的焊接中，可能形成 Al-Cu 相，这些相的脆性使得焊接接头在外力作用下容易发生断裂。为了改善这一问题，研究者们需要优化焊接工艺参数，如焊接温度和冷却速率，以减少脆性相的生成。

（2）热影响区的性能下降。在异质金属焊接过程中，热影响区（HAZ）会经历高温处理，导致材料的微观结构变化。这种变化可能会引起材料性能的下降，尤其是强度和耐腐蚀性。例如，钢与铝的焊接中，钢的热影响区可能会因过热而导致其硬度降低，进而影响整体结构的安全性和可靠性。因此，在焊接设计时，必须考虑热影响区的影响，并采取相应的措施来控制焊接热输入。

（3）焊接工艺的复杂性。异质金属焊接的工艺相对复杂，涉及多种焊接方法，如激光焊、超声波焊和钎焊等。不同金属的热导率、熔点和收缩率差异，使得焊接过程中的温度控制和熔池管理变得更加困难。此外，适用于某一金属的焊接工艺未必适用于另一金属，这就要求焊接工程师具备丰富的经验和专业知识，以选择合适的焊接方法并优化工艺参数。工艺的复杂性直接影响到焊接的质量和效率，增加了生产成本。

（4）焊接接头的检测与评估难度。异质金属焊接接头的检测与评估相对困难。由于焊接接头中可能存在的金属间化合物及其不均匀性，使得传统的无损检测方法（如超声波检测、X 射线检测）在评估焊接质量时面临挑战。此外，焊接接头的微观结构和成分的复杂性也使得对其机械性能的评估变得更加复杂。因此，开发新的检测技术和标准成为提高异质金属焊接质量的重要方向。

2 试验过程与研究方法

2.1 试验材料

铜/铝钎焊所用母材分别为T2紫铜、3003铝合金，其化学成分分别见表2-1和表2-2。3003铝合金为Al-Mn系合金，虽然强度不高，因耐腐蚀较好，应用范围很广。

表2-1 T2紫铜化学成分

化学元素	Bi	Pb	S	P	O	Cu
化学成分(质量分数)/%	0.002	0.005	0.005	0.02	0.06	余量

表2-2 3003铝化学成分

化学元素	Mn	Cu	Fe	Si	Zn	Al
化学成分(质量分数)/%	1.25	0.1	0.7	0.6	0.1	余量

钢/钢钎焊所用母材为304奥氏体不锈钢，其具有加工性能好、韧性高等优点，在工业和食品医疗行业应用广泛。304奥氏体不锈钢的化学成分见表2-3。

表2-3 304奥氏体不锈钢化学成分

化学元素	C	Si	Mn	P	S	Cr	Ni	Fe
化学成分(质量分数)/%	0.06	0.85	0.98	0.0268	0.0024	17.2	8.02	余量

铜/钢钎焊所用母材是商用T2紫铜和Q235低碳钢。钎料使用的是新型药芯银基钎料(BAg30T)。钎料和母材的化学成分和力学性能见表2-4。

表2-4 钎料和母材的化学成分和力学性能

化学元素	C	Mn	Si	S	P			拉伸强度/MPa
Q235A	0.14~0.22	0.30~0.65	≤0.30	≤0.050	≤0.045			544
化学元素	Cu	Bi	Sb	As	Fe	Pb	S	
T2紫铜	99.9	0.001	0.002	0.002	0.005	0.005	0.005	339.5
化学元素	Ag	Cu	Zn	Sn	其他			
BAg30T	30	37	32	1	≤0.1			271

铜/钢钎焊所用的母材 Q235A 与 T2 紫铜，所用的母材及药芯钎料 BAg25TS、BAg30T 成分见表 2-5~表 2-7。

表 2-5　Q235A 化学成分

牌　号	C	Mn	Si	S	P	抗拉强度
Q235A	0.14~0.22	0.30~0.65	≤0.30	≤0.050	≤0.045	370 MPa

表 2-6　T2 紫铜化学成分

化学元素	Cu+Ag	Bi	Sb	As	Fe	Pb	S	抗拉强度
比例/%	99.9	0.001	0.002	0.002	0.005	0.005	0.005	215 MPa

表 2-7　药芯钎料 BAg25TS 与 BAg30T 化学成分

牌　号	Ag	Cu	Zn	Sn	焊接母材
BAg25TS	25	40	34	1	铜/钢
BAg30T	30	35	34	1	铜/钢

2.2 试验过程

2.2.1 润湿铺展

钎料在 T2 紫铜、3003 铝上的润湿性试验所用 T2 紫铜及 3003 铝合金试样尺寸为 40 mm×40 mm×1.5 mm。加热设备为箱式电阻炉（SX2-10-12G），最高温度 1200 ℃，最高功率和电压分别为 10 kW，380 V。钎料润湿铺展性试验参照标准《钎料润湿性试验方法》（GB/T 11364—2008）执行，试验前将铜板用砂纸打磨，酒精去除污渍备用，钎料分别在 15%的 NaOH 溶液浸泡 10 min，然后在 20%的 HNO_3 溶液中清洗 5 min；碱洗酸洗后每个试样称取钎料 0.2 g，钎剂 0.15 g，试验时将钎料放到铜板上面，用钎剂覆盖住钎料。然后将试样放入电阻炉中，试验工艺与流布试验一致。最后对润湿试样进行机械清理，用 Image 软件测算铺展面积。每种钎料做 7 次铺展试验，去掉最大值、最小值后，取平均值。

用于润湿性试验的不锈钢基材尺寸为 40 mm×20 mm×2 mm，选用的加热设备为感应加热设备。钎料润湿性试验参考《钎料润湿性试验方法》（GB/T 11364—2008）进行。试验前用酒精擦拭不锈钢表面去除表面污渍，然后截取（0.2±0.02）g 钎料。试验时，将称取的钎料放置在不锈钢试样表面中央，在其上覆盖钎剂，然后打开感应加热设备对润湿试样进行加热，待钎料完全铺展后停止加热。加热结束后对润湿试样进行酸洗以清理试样表面残留钎剂，用酒精擦拭后，对润湿试样进行拍摄并测算其铺展面积，每种钎料测试 5 组，取平均值。

对混合后的银基钎料的润湿特性进行试验分析。润湿试验使用的母材是 T2 紫铜和 Q235 钢，尺寸是 40 mm×40 mm×2mm，润湿试验遵循《钎料润湿性试验方法》（GB/T 11364—2008）。首先将试验母材用 400 号、600 号的砂纸打磨掉母材表面的氧化皮并且使得母材表面的划痕方向一致。打磨后使用棉球轻轻擦拭两种母材表面的金属粉末，然后使用吹风机吹干表面备用。将钎料切成固定长度的形式放到母材中央，每次称取钎料的质量是 0. 2 g。称取 0. 15 g 的钎剂均匀覆盖到钎料上。试验在高频感应焊机上进行，由于铜的导磁性较差，在感应加热时需要在铜板下面垫一个钢板保证其快速加热。试验使用的电流是 30 A，加热时间是 30 s。试验结束后空冷至室温。润湿试验结束后，使用相机从顶部拍摄润湿形貌并且使用 Image-Pro 软件测量润湿面积。

钎料润湿铺展性试验参照标准《钎料润湿性试验方法》（GB/T 11364—2008）执行，钎料用量为 0. 2 g，钎剂用量为 0. 15 g，保温时间为 30 s，随后在室温下冷却。最后，对药芯钎料在两种母材上润湿试样进行机械清理，使用 Image 软件测算药芯钎料在母材表面的润湿面积。

2. 2. 2　感应钎焊

对铜/铝异质金属连接采用高频感应钎焊。与炉内加热方式比较，感应钎焊具有加热速度快、设备简单、适用范围广等优点。试样预处理：依次用规格为 400 号、600 号、800 号的砂纸对母材表面进行研磨，将打磨好的铜板、铝板用酒精进行超声波清洗。同时，为方便在焊接过程中药芯钎料的定量，使用刻度尺在药芯钎料上每隔 20 mm 标记一次刻度。根据对钎焊过程的观察，当温度达到最佳钎焊温度 600 ℃时，保温 10 s 左右，钎料完全熔化，填缝充分，接头性能优异。因此，选用该钎焊工艺钎焊铜/铝接头，采用搭接和对接两种形式，搭接长度为 5 mm，将母材按搭接长度和对接形式固定在特制夹具上，开动感应钎焊机进行加热，钎焊结束后空冷，接头达到室温后，采用机械清理方式，清除表面残余钎剂及母材表面氧化膜。

本节采用感应钎焊对不锈钢进行钎焊。与其他加热方式相比，感应钎焊的加热速度快，设备简单，适用范围广，可有效解决母材在高温下的滞留时间长、晶粒过度长大等问题。钎焊试样包括对接试样（70 mm×10 mm×3 mm）及剪切试样（15 mm×15 mm×5 mm 和 10 mm×10 mm×7 mm），其示意图如图 2-1 所示。

在钎焊前对试样进行预处理：首先采用砂带机对待钎焊母材表面进行粗磨，然后依次用规格为 400 号、600 号、800 号的 SiC 砂纸打磨母材表面，将打磨后的试样用酒精进行超声波清洗 3 min 以备用。使用工装夹具固定不锈钢试样，将钎剂铺在待钎焊接头区域表面；在钎焊过程中，钎剂首先熔化与不锈钢表面氧化

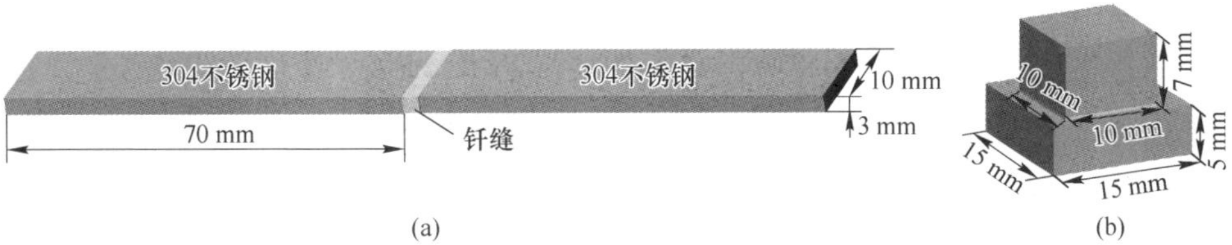

图 2-1 不锈钢钎焊接头拉伸试样
(a) 拉伸试样；(b) 剪切试样

膜反应以去除氧化膜，并防止其再次形成，促进钎料在不锈钢表面的润湿铺展。钎焊时，观察钎料的熔化状况及填缝情况，待钎料完全熔化且填缝完全后，保温 30 s 左右，然后空冷至室温。钎焊完成后，将接头试样放进沸腾的酸性溶液（480 mL H_2O+15 mL HNO_3+5 mL HCl）中酸洗 5~10 min 以去除试样表面残余钎剂及表面氧化皮，然后使用砂带机打磨掉钎焊接头表面残余钎料，防止其对性能测试结果造成影响。

钎焊试验在 SP-358 分体式高频感应加热设备上进行，最大功率为 35 kW，频率为 30~80 kHz。一个冷却装置与感应钎焊机相连，用于抽出线圈中的热量。为了更好的方便焊接，该试验制作了一个夹具来固定试样，通过固定住母材的两端来达到钎焊接头对接或搭接目的。

在焊接之前需要对试样进行焊前预处理，具体处理过程如下：将两种母材用 400 号、600 号、800 号、1000 号砂纸进行打磨，使用酒精清洗打磨后的试样表面。将预处理母材放在特定夹具上，试验采用搭接形式。将钎料剪切出 20 mm 的长条放在搭接面上，通过熔化后的钎料在母材表面的润湿性和毛细作用进行填缝。钎焊机的电流是 40 A，在钎料熔化后保持参数 10 s 进行充分的冶金反应。将获得的钎焊接头放在空气中冷却至室温，打磨掉表面的残渣后备用。

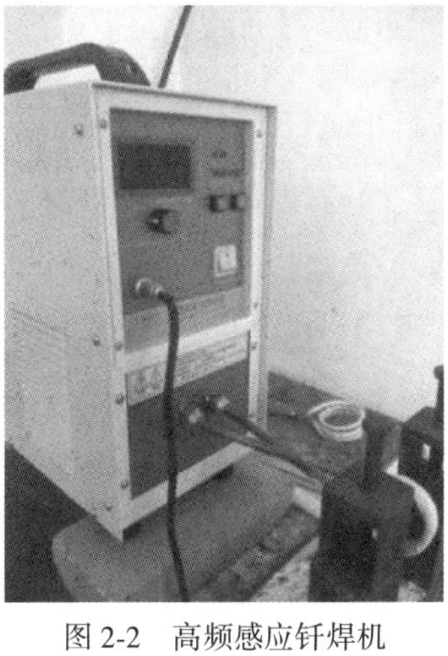

图 2-2 高频感应钎焊机

对铜钢异种金属连接采用的方法为高频感应钎焊，感应钎焊机为深圳双平产的 SP-15A 型，主要由感应线圈、交流电源控制装置及冷却水循环装置组成，如图 2-2 所示。在感应钎焊过程中将 T2 紫铜板和 Q235A 低碳钢板固定于夹具，将铜钢对接接头或者搭接接头部分置于感应线圈中间部位。在钎焊之前先打开冷却水循环装置，防止提前开动感应钎焊机造成感应线圈烧坏现象发生。在使用 BAg25TS 药芯钎料钎焊铜/钢接头时采用焊接的电流为 460 A，使用 BAg25TS 药芯钎料钎焊铜/钢接头时焊接电流为 440 A。本试验使用的高频感应钎焊机相较于炉内加热方式具有加热速度快、设备简单、适用范围广等优点。

2.2.3　电化学腐蚀

在电化学工作站（Autolab PGSTAT128N）进行电化学测试，研究钎焊接头母材及钎缝的腐蚀行为。试样的制备方法如下：采用线切割加工成 ϕ11.3 mm×5 mm的试样，然后将试样与铜线连接后镶嵌于环氧树脂中，对待测面进行打磨抛光，使其裸露出 1 cm^2 的工作表面。电化学测试试验装置示意图如图 2-3 所示。采用三电极体系，待测试样为工作电极，石墨片为辅助电极，饱和甘汞电极为参比电极，电解液选用去离子水配制的质量分数为 3.5% NaCl 盐溶液。

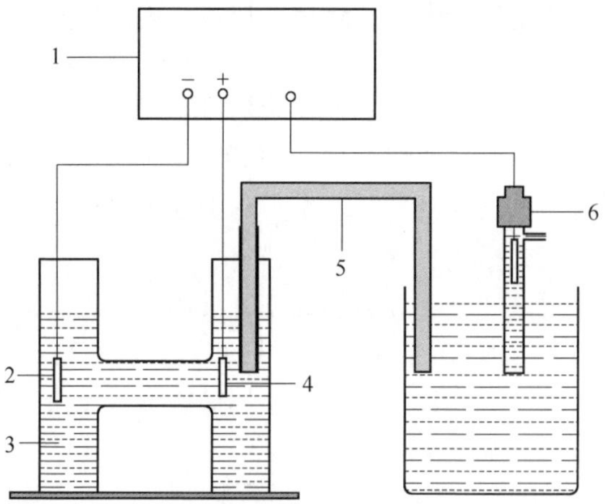

图 2-3　电化学试验装置

1—电化学工作站；2—辅助电极；3—电解液；4—工作试样；5—盐桥；6—参比电极

为确保电化学测试的稳定性，试样在 37 ℃的 NaCl 溶液中浸泡 30 min 后进行测试。试验数据通过电化学工作站的自带软件进行拟合分析。开路电位、极化曲线及交流阻抗的测试参数如下：

（1）开路电位，测试时间设定为 300 s；

（2）极化曲线，扫描速率为 1 mV/s，测试范围从开路电位-0.25 V 至开路电位+0.45 V；

（3）交流阻抗谱，频率范围为 10^{-1}～10^{5} Hz，振幅为 5 mV。

在对 BAg25TS 和 BAg30T 两种药芯钎料钎焊铜/钢接头进行电化学试验时，设置试验参数中扫描速度设置为 1 mV/s，另外电化学试验中的扫描范围设置为相较于开路电位定为±250 mV。在整个电化学试验中电解液选用的是质量分数为

3.5% NaCl 盐与去离子水配制的溶液，溶液温度为室温。在进行电化学试验前先将待测电极浸入 NaCl 溶液中，静置时间设定为 30 min，然后启动相关试验设备开始测试。将搭接接头的搭接部分线切割块状，然后将铜线缠在试样上，最后用树脂密封，放入仪器工作前要对工作表面打磨及抛光再清洗干净。试样的工作面积要求为 1 cm^2 且工作表面分别为铜、钎缝和钢。

2.2.4 盐雾腐蚀

依据《人造气氛腐蚀实验-盐雾实验》（GB/T 10125—2021）中的试验过程，根据钎焊接头实际工况条件，选用中性盐雾试验方法。采用去离子水配制浓度为 3.5%NaCl 水溶液，溶液 pH 值在 6.5~7.2。盐雾试验箱工作过程中设置温度为（35 ± 2）℃；并在盐雾试验开始工作 24 h 后通过检测盐雾收集器内氯化钠溶液体积，保证溶液体积在 24~48 mL。试验周期分别为 24 h、96 h、168 h、240 h、480 h。

（1）试样的制备。首先使用线切割方式将搭接铜/铝接头切下 10 mm×10 mm×6 mm 试样，然后使用镶嵌机对试样进行镶嵌。待镶嵌结束后依次使用 100 号、240 号、500 号、800 号、1500 号及 2000 号砂纸对镶嵌试样进行研磨，再用抛光布对接头进行抛光。最后使用丙酮对抛光后的试样进行超声波清洗，吹风机吹干待用。

（2）试样放置。在盐雾试验箱中的支架材料由耐腐蚀塑料制成，铜/铝接头及镶嵌试样依次放置在支架上，并使腐蚀表面与垂直方向成 20°夹角，以便盐雾试验过程中盐雾水溶液能自由沉降在待测试样表面。

（3）试验后试样的清洗。在 5 个时间节点拿出试样，室温下自然干燥 0.5~1 h，然后用去离子水清洗腐蚀试样，注意水流不能过急，避免腐蚀物被冲洗掉。最后使用吹风机吹干试样。

依据《人造气氛腐蚀实验-盐雾实验》（GB/T 10125—2021）中的试验过程依据，在盐雾腐蚀试验中包括乙酸盐雾试验、铜加速乙酸盐雾实验、中性盐雾实验。根据钎焊试验工况选用 3 种盐雾腐蚀试验中的中性盐雾试验作为测试接头的盐雾耐蚀能力的方法。在整个试验过程中分别使用到了电子天平、空压机、盐雾腐蚀试验箱等实验设备。经过盐雾腐蚀试验的铜/钢接头，使用扫描电子显微镜观察接头微观腐蚀形貌，同时使用拉伸试验机对接头进行拉伸测试，检查盐雾腐蚀时间对接头拉伸强度的影响。

中性盐雾实验的具体步骤如下。

（1）盐雾试样的制备。首先使用线切割方式将搭接铜/钢接头切下 10 mm×10 mm×6 mm 试样，然后使用镶嵌机对试样进行镶嵌。待镶嵌结束后依次使用 100 号、240 号、500 号、800 号、1500 号及 2000 号砂纸对镶嵌试样进行研磨，以此去除表面的划痕及附着物；紧接着使用抛光布对接头进行最后抛光，以此完全去除表面残余划痕。最后使用丙酮对抛光后的试样进行超声波清洗，并使用吹风机吹干待用。

（2）配制试验溶液。称取适量的氯化钠颗粒溶于去离子水中，采用机械搅拌方式使氯化钠颗粒完全溶于去离子水中，保证溶液浓度为 3.5%。其次使用 pH 试纸检测氯化钠溶液 pH 值，使得在盐雾试验箱中收集器溶液 pH 值在 6.5~7.2。

（3）试验设备。在盐雾试验箱（见图 2-4）中空气经空压机压缩后进入饱和筒内，在饱和筒内充斥着 3.5%的氯化钠水溶液，饱和筒内温度相比盐雾试验箱温度更高。通过调节控压阀使湿润的氯化钠水雾进入盐雾试验箱，同时整个试验过程中饱和筒内的气源压力控制在（120±5）kPa。

（4）试验条件。盐雾试验箱工作过程中设置温度为（35±2）℃；并在盐雾试验开始工作 24 h 后通过检测盐雾收集器氯化钠溶液体积，保证溶液体积在 24~48 mL。

（5）试样放置。在盐雾试验箱中的支架材料由耐腐蚀材料塑料制成，铜/钢接头及镶嵌试样依次放置在支架上，并使腐蚀表面与垂直角度成 20°。使在盐雾试验过程中盐雾水溶液自由沉降在待测试样表面。

（6）试验周期。试验周期分为 5 个阶段，分别为 24 h、96 h、168 h、240 h、480 h。在试验时间达到实验周期节点时，分别快速拿出对应的金相试样及铜/钢接头，然后迅速关上试验箱盖，在试验其他阶段禁止打开箱盖。

（7）试验后试样的清洗。在 5 个时间节点拿出的试样先在室温下自然干燥 0.5~1 h，然后用去离子水清洗腐蚀试样，清洗过程中水流不能过急，以避免腐蚀物被冲洗掉。最后再使用吹风机吹干试样表面。

（8）试验结果分析。将干燥后的腐蚀试样分别使用拉伸试验机及扫描电镜设备，测试接头不同盐雾腐蚀时间的拉伸强度及金相试样表面的腐蚀形貌。

图 2-4　盐雾试验箱

2.3 第一性原理计算

本节采用基于密度泛函理论开发的 CASTEP（cambridge sequential total energy package）程序进行连接机理相关模拟计算。通常在处理电荷密度的过程中会用两种近似方式，局域密度近似（local density approximation，LDA）和广义梯度近似（generalized gradient approximation，GGA）。LDA 具有运算量小的优点，一般会低估晶体的晶格常数，造成相关物理性质与试验值之间的差异，如低估半导体带隙等。GGA 计算所得的晶胞参数与试验值接近，且根据文献中相关体系的计算，本节选择 GGA 进行计算，赝势选择超软赝势。研究对象主要包括基体与金属间化合物的体相性质，如晶体结构、晶胞参数、能带结构、态密度等；基体 Cu、Al 与金属间化合物界面原子结构、界面结构的能带、态密度、电荷密度等。用于分析原子结合方式、强度，得到铜/铝异种金属的连接机理。

2.4 钎料的晶体结构及固液相线表征

采用差示扫描量热分析仪（DSC）（STA449F3）对药芯钎料和钎剂固液相线进行分析，设备升温范围为 25~1000 ℃，升温速率为 10 ℃/min。在本试验中分别称取 10 mg 的待测药芯钎料，并将药芯钎料剪为 1~3 mm，放入样品室中，然后向样品室中充入氩气，气体流量为 25 mL/min。试样初始升温速度为 10 ℃/min。当温升与待测样品固相线温度相差约 30 ℃时，将升温速度改为 2 ℃/min。

切取少量钎料（15 ~ 30 mg），采用差示热分析法（differential thermal analysis，DTA）分析钎料的熔化特性，根据钎料的成分设计，设定仪器的扫描温度范围为 25~1200 ℃，在 Ar 气保护气氛下进行测试，升温速率为 15 ℃/min，所得数据采用 Proteus 软件进行分析。

使用差热分析仪对 6 种制备好的钎料进行熔化特性分析。试验时称取 10 mg 的钎料为检测样品，试验在 Ar 气保护下进行，通过电脑 DTA 程序控制坩埚升温速率和降温速率，检测钎料和另外坩埚内的对应参比物间的能量差随着时间或温度的变化情况。试验中设备的最高加热温度是 900 ℃，升温速率为 10 ℃/min。试验结果采用 Origin 软件分析。

差示扫描量热实验（DSC）及润湿性实验：使用差示扫描量热仪对药芯钎料进行差热分析，确定其熔化温度区间。在此基础上进行 BAg25TS 与 BAg30T 药芯钎料在 Q235A 与 T2 紫铜母材上不同温度下的润湿性试验，确定最佳润湿温度，所用加热设备为箱式电阻炉，型号为 SX2-10-12G，最高温度 1200 ℃，最高功率和电压分别为 10 kW 和 380 V。钎料润湿铺展性试验参照标准《钎料润湿性试验方法》（GB/T 11364—2008）执行，钎料用量为 0.2 g，钎剂为 0.15 g，保温时间

30 s，随后在室温下冷却。最后对药芯钎料在两种母材上润湿试样进行机械清理，使用 Image 软件测算药芯钎料在母材表面的润湿面积。

2.5　微观组织观察及分析

2.5.1　X 射线衍射分析

钎焊接头相结构分析及腐蚀产物的物相鉴定采用 D8 Advance 型 X 射线衍射仪（XRD）。采用 Cu 靶 K_α 线，扫描范围为 10°~90°，扫描速度为 2°/min。管电压和电流分别为 35 kV 和 40 mA。

采用德国布鲁克公司生产的 D8-ADVANCEX 射线衍射仪（X-ray diffractometer，XRD）分析钎料及钎焊接头的物相组成，实验条件为 Cu 靶，扫描范围为 40°~100°，扫描速度为 5°/min。

2.5.2　金相组织分析

配制腐蚀液（5 g $FeCl_3$ + 5 mL HCl + 95 mL 无水乙醇）腐蚀钎料及钎焊接头组织，然后采用 OLS 5100 激光显微镜观察钎料及钎焊接头的金相组织。

2.5.3　扫描电镜组织分析

分别采用 JSM-5610LV 型扫描电子显微镜和 VEGA3SBH 型扫描电子显微镜对接头断面各微区进行显微组织、腐蚀试样表面形貌观察。并利用能谱仪（EDS）对钎焊接头及腐蚀层表面进行微区成分分析。使用 EBSD 获取钎缝界面区域的晶体学信息，并进一步展示界面区域的微观结构。

采用 VEGA-3 SBH 型钨灯丝扫描电镜和 JEOL JSM-IT 800 型场发射扫描电子显微镜（scanning electron microscope，SEM）对钎料及钎焊接头的微观组织及接头断口形貌进行观察，并结合配备的 Oxford UltimMax 型能谱仪（energy dispersive spectrometer，EDS）对钎料及钎焊接头的组织进行点、线、面扫描分析，观察元素的扩散情况及元素分布，初步确定钎料及钎焊接头中的物相组成。

电子背散射衍射技术（electron backscattered diffraction，EBSD）可精确表征钎焊接头的物相组成、晶粒取向和晶粒尺寸等信息。对已抛光的试样采用 JEOL 公司型号为 IB-19530CP 氩离子截面抛光仪对钎焊接头试样进行抛光，离子束工作电压为 6 k~7 kV，抛光时间为 20 min。然后使用 JSM-IT800 SHL 场发射扫描电子显微镜配备的牛津 C-Nano 型 EBSD 系统对制备的 EBSD 样品进行分析，扫描步长为 2 μm。测试完成后使用 Aztec Crystal 2.1 软件对钎焊接头的相分布、晶粒取向、晶粒尺寸等数据进行分析。

采用 JSM-IT800 场发射扫描电镜对钎料和钎焊接头的微观组织、断口形貌进行显微组织观察。使用扫描电镜自带的能谱仪对钎焊接头、断口的成分进行分析，用来确定微观组织的成分组成和变化趋势。使用的参数为电压 10 V、SED 模式、Analysis 模式。

为了进一步观察接头中钎缝取向和变形程度。采用 JSM-IT800 SHL 场发射扫描电镜及配备的 EBSD 探头，对钎缝组织进行 EBSD 检测分析，采用 Aztec-Crystal 软件确定钎缝组织的相分布、晶粒取向、晶粒尺寸、织构强度、取向差分布和变形程度。由于铜/钢界面的宽度很窄，试样使用型号是 JEOL IB-19530CP 的氩离子抛光机制备 EBSD 试样。

采用日本 JSM-560LV 型扫描电镜观察接头界面形貌，采用美国 EDS 型能谱分析仪及配有电子背散射衍射（EBSD）的场发射扫描电镜对钎焊接头的微观组织成分及织构进行确定。

2.5.4 透射电镜组织分析

采用 JEM-2100 高分辨透射电子显微镜（TEM）对钎缝中第二相及微区形貌进行了观察，并分析了第二相的结构及第二相与基体的位向关系。透射样品的制备：利用线切割从待测试样中切取厚度约为 0.3 mm 的薄片，利用 600 号、1200 号及 2000 号水砂纸对薄片两面逐级进行手工研磨。当薄片厚度约为 100 μm 时，利用冲孔机对不同试样冲取 3 个尺寸为 ϕ3 mm 的圆片，再次手工研磨至约 70 μm，然后利用 MTP-1A 型双喷电解减薄仪对圆片进行减薄，直至圆片中间出现孔洞，双喷液为高氯酸溶液（3%高氯酸+97%无水乙醇，体积比），双喷液温度为-40 ℃左右。观察前用 Gatan 691 型离子减薄仪对试样进行小角度减薄 15 min，以进一步净化试样表面。

为了进一步分析钎缝中各相的界面关系，使用了 JEM-2100 高分辨透射电子显微镜（TEM）对钎缝中界面微区形貌进行了观察，分析了钎缝中物相结构和界面关系。通过傅里叶和反傅里叶变换观察了微区中各相的晶格条纹。试样的制备过程为：使用线切割机从观察的试样中切出小于 0.2 mm 的薄片。使用聚焦离子束（FIB）配备的电镜选择所要观察的区域，然后使用离子束轰击出 15 μm 左右的薄片，最后使用特定设备挖孔取出待观察薄片。通过 TEM 观察了各相衍射斑点和晶体结构。

2.6 性 能 测 试

2.6.1 纳米压痕及维氏硬度测试

利用纳米压痕试验可以准确测试铜/铝接头形成钎缝中各生成相的弹性模量、硬度等数据及加载-位移曲线。选用 Keysight G200 型纳米压痕仪，该试验机测试有效试验面积为 100 mm×100 mm。在进行铜/铝接头纳米压痕测试时选用连续刚度模块、铜/铝接头测试表面要求上下表面平行，并且测试表面在测试前应进行研磨抛光，使接头表面无划痕。压头加载灵敏度为 0. 01 μN。试验过程中加载与卸载速率均为 50. 00 mN/min，载荷峰值为 25. 00 mN，停留时间为 10 s。

对钎焊接头中的各相进行纳米压痕测试，获取各相的硬度并绘制其硬度分布图。纳米压痕设备为 Keysight G200 型纳米压痕仪，采用载荷控制模式，试验过程中设置点与点之间的间隔为 10 μm，载荷设置为 30 mN。测试完成后采用 Origin 软件绘制钎焊接头纳米硬度分布图。并参考《金属材料　维氏硬度试验　第 1 部分：试验方法》（GB/T 4340. 1—2024）[1]，采用维氏显微硬度仪（设备型号为华银 HV-1000）对钎焊接头中不同的组织进行硬度测试。由于钎焊接头区域较窄，因此选用小载荷（10 gf）进行试验，加载时间为 10 s。对测得的硬度值进行整理，分析钎焊接头的硬度变化情况。

利用纳米压痕试验可以准确测试 BAg25TS 和 BAg30T 钎焊铜/钢接头形成钎缝及界面附近的弹性模量和硬度，相较于传统显微硬度测试方法，测试面积更小，可以测试纳米尺度下的各物相。因此在复合材料、电子电器领域广泛应用。在此次试验中选用的是 Keysight G200 型纳米压痕仪，该型纳米压痕仪压头的压痕深度 大于 500 μm，压头能够位移的最大范围为 1. 5 mm，位移的分辨率小于 0. 01 nm，最大载荷高于 500 mN，压头载荷的分辨率为 50 nN，整个试验中有效的试验面积为 100 mm×100 mm。在进行铜/钢接头纳米压痕测试时选用连续刚度模块、三棱锥 Berkovich 金刚石压头和 Ks express test 方法。铜/钢接头测试表面要求上下表面平行，并且测试表面在测试前应进行研磨抛光，使接头表面无划痕。

2. 6. 2　剪切强度测试

按照国家标准《钎焊接头强度试验方法》（GB 11363—2008）测试搭接钎焊接头力学性能。铜/铝钎焊接头的抗拉强度测试在 AG-I 250 kN（SHIMADZU）材料试验机上进行。试验温度为室温，拉伸速率为 1. 0 mm/min。各测 3 个钎焊接头试样，结果取平均值。

使用砂带机将不锈钢钎焊接头周围残留钎料打磨干净，并对钎焊接头的结合区域采用游标卡尺进行再次测量，以获得准确的性能数据。采用 AG-I 250 kN（SHIMADZU）万能材料试验机测试钎焊接头的拉伸强度和剪切强度。试验机夹头的移动速度为 0. 5 mm/min，每种钎料钎焊接头进行多组试验，然后取平均值为最终实验结果。钎焊接头剪切试验采用的夹具如图 2-5 所示。

试验中测量铜/钢接头强度的设备选用的是 AG-I 250 kN（SHIMADZU）材料试验机，试验机的最大拉伸载荷是 100 kN，能够测试各种金属和非金属的抗拉强度和抗剪强度。试验过程参考《钎焊接头强度试验方法》（GB/T 11363—2008）[2]。试验过程中的拉伸速率是5 mm/min。试验后的数据使用Origin软件进行绘制，每组做3个试样并且求取平均值。

测试铜/钢接头拉伸强度和剪切强度选用的是AG-I 250 kN型拉伸试验机，试验过程中最大载荷可达100 kN，能够测试金属、非金属材料等的拉伸强度和剪切强度。在对铜/钢接头进行拉伸时，加速速度设置为5 mm/min。试样断裂后根据得到的数据，使用Origin绘图软件绘制各接头的载荷位移曲线，并在此基础上计算铜/钢接头的拉伸强度和剪切强度。

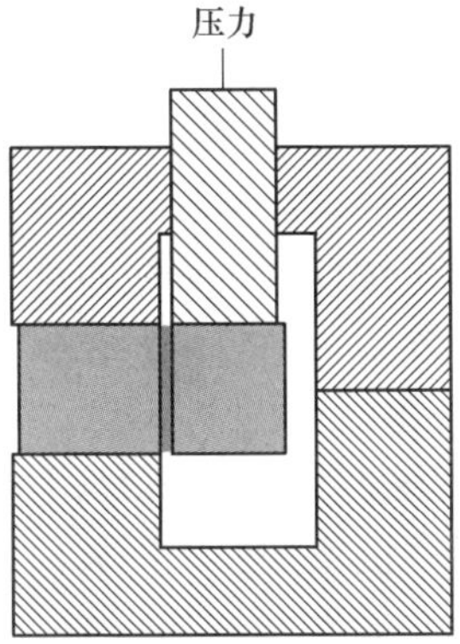

图2-5 剪切测试装置示意图

3 铜/钢异质金属钎焊

3.1 铜/钢钎焊接头微观组织调控

3.1.1 银基钎料成型方法

目前国内外银基钎料的加工方法主要包括传统塑性加工成型方法和难变形银基钎料新型加工方法两种。传统塑性加工成型方法包括轧制、挤压等；对于难变形银基钎料，相关学者目前研究了包括机械合金化、粉末电磁压制、原位合成等成型新方法。

（1）传统塑性成型加工方法。固态金属是由大量晶粒组成的多晶体，金属塑性变形引起位错增殖，位错密度增加，不同方向的位错发生交割，位错的运动受到阻碍，使金属产生加工硬化。对塑性加工能力较好的钎料采用挤压、轧制、拉拔等工艺制备而成。

（2）电磁压制。电磁压制成型技术采用了电磁感应技术[58]。将金属或合金粉末放入在导电套内，通过电流会使线圈中产生磁场，导电套内产生电流，使得材料发生变形进而进行加工的方式。该技术不需要使用机械力，因此与传统加工方式相比，该技术在成型过程中不需要考虑惯性的影响，可以提高工作效率和控制的精确性。

（3）表面镀覆技术。表面镀覆技术是在传统电镀技术基础上，通过物理、化学、机械等各种方法在工件表面整体或者局部沉积一层或者多层金属薄层，从而对工件表面改性进而满足使用要求的新型表面技术。在钎焊前对工件表面进行特殊处理以改善焊接工艺可以获得性能良好的钎焊接头。表面镀覆技术发展到今天已经非常完善，技术种类多种多样，主要使用的技术有刷镀、电镀、化学镀、喷涂、热浸等[59]。机械总院的王星星[60]通过镀覆-热扩散复合工艺制备了过饱和的银基钎料。研究了 Sn 含量对钎焊接头的组织和性能影响。研究发现，使用最佳复合工艺可以制备 Sn 含量更高的银基钎料，突破了在传统方法中 Sn 含量的极限。与传统方法获得的钎料相比，熔化区间缩小、润湿性更好，但是抗剪强度略微下降。并且通过热力学特性一定程度上能够定量预测接头的钎焊工艺性和力学性能。

（4）快速凝固法。快速凝固法是近年来发展起来的一种新型制备材料方法。

在极快速冷却过程中，液态金属来不及凝固成晶体，其凝固组织多呈非晶或微晶状。与热挤压等传统成型技术相比，快速凝固法制备的钎料成材率更高、工艺简单，更适用于自动化生产[61-65]。目前常用的快速凝固技术主要包括单基体急冷法、双基体急冷法、表面熔化及自冷技术和惰性气体蒸发法。

（5）原位合成技术。为了进一步扩展银基钎料的使用范围，降低银基钎料的生产成本，开发了钎焊原位合成技术。钎焊原位合成技术是指在钎焊过程中，钎料组元熔化、微区冶金、原位反应合成新成分钎料，并与母材发生相互作用形成钎焊接头的技术。该方法借鉴药芯焊丝的理念，在药芯中加入适当的合金粉芯并混合均匀，通过与药皮的卷制、拉拔制备出新型药芯钎料。在钎焊过程中，外层塑性良好的银基钎料与芯部合金粉发生熔合与扩散，最终获得良好的冶金结合的钎焊接头[66]。

郑州机械研究所的龙伟民研究员团队[67-70]通过原位合成技术创新设计了Ag-Cu/Zn-Cu/Ag-Cu和Ag-Cu-Zn/Zn-Cu-Ag-Sn/Ag-Cu-Zn复合焊片。利用原位合成技术，在钎焊过程中原位形成Ag-Cu-Zn钎料和Ag-Cu-Zn-Sn钎料，可直接应用于316LN不锈钢的钎焊，接头强度大大提升，实现了钎料加工与使用一体化，避免了一些高强度钎料的成型问题。郑州机械研究所的王蒙等人通过在药芯银基钎料粉芯中加入CuSn粉和Ni粉原位生成了低熔速流型药芯银基钎料（添加CuSn粉）和固溶强韧型药芯银基钎料（添加Ni粉），并使用该钎料获得了铜/钢接头。研究结果：当添加质量分数为30% CuSn粉时，接头强度达到最大值（198.91 MPa）；而添加Ni粉的钎料在钎焊时，高熔点的Ni粉将与熔化的钎料外皮相互熔合形成高Ni含量的银基钎料，当添加质量分数为10%的Ni粉时，抗剪强度达到最大值（335 MPa）。

3.1.2 银基钎料钎焊铜/钢接头典型微观组织

银基钎料作为广泛使用的钎料种类之一，其本身工艺性能优良、熔点适中、流动性与润湿性佳，在面对同种或异种金属钎焊时都具有较好的适应性。然而，银基钎料成本高昂，这源于银的贵金属属性；接头强度虽能满足不少场景但仍相对有限；对母材润湿性因成分而异，部分情况需额外表面处理；钎剂选择与使用要求严格，否则易引发钎焊缺陷；部分钎料存在脆性相，影响接头力学性能。

为了满足在高要求应用领域下扩展银基钎料的使用，克服高Sn含量导致的银基钎料加工困难，提出了一种新型含有B元素的复合银基钎料，它可以有效地调控钎料熔体的流动性，实现定时定量添加钎料和钎剂，调控钎缝组织结构，提高钎焊接头的力学性能和可靠性。B元素的添加可以改变钎缝的组织形态。在钎焊过程中，B元素可能会与铜和钢中的某些元素发生化学反应，形成新的化合物。例如，硼可以和钢中的铁形成硼化物，如 Fe_2B 等。这些硼化物在钎缝组织中可以起到弥散强化的作用，提高了钎缝的硬度和强度。同时，这些新生成的化合物还可能改变钎缝的晶界结构，细化晶粒。比如，原本粗大的钎缝晶粒组织，由于 B 元素的加入，晶界处生成了新的化合物，限制了晶粒的长大，使得晶粒细化，进而提高了接头的韧性和抗疲劳性能。

采用在粉芯中添加 B 粉的复合钎料获得了铜/钢接头。图 3-1 为 BAg30CuZnSn 添加不同含量的 B 粉后钎焊接头截面微观组织形貌。由图 3-1 可知，钢/铜异种金属钎焊接头的组织主要分为钢侧、钎缝、铜/钎缝、铜侧共 4 个区域。在 Fe/钎缝侧没有出现过渡层，而在 Cu/钎缝侧出现了明显过渡层，产生这种现象的原因是钎料中含有大量 Cu 元素，但是钎缝中 Cu 元素的浓度要低于铜母材，在加热过程中铜母材和钎缝中的 Cu 元素发生相互扩散从而产生了扩散层。而在钢侧，钎料中的 Cu 元素几乎不与 Fe 元素发生扩散和反应，因此出现了很明显的界限。

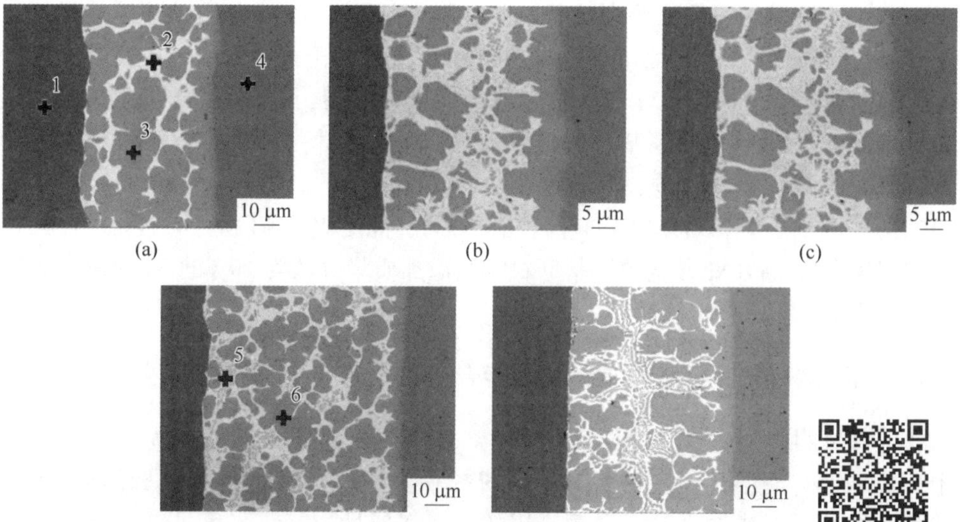

彩图

图 3-1　BAg30CuZnSn-xB 钎料钎焊接头的微观组织形貌

(a) 0；(b) 0.5%；(c) 1%；(d) 2%；(e) 3%

未添加 B 元素时，钎缝由大量的白色块状相、白色枝晶相和灰黑色柱状晶组成。白色相在中心处聚集，靠近钢侧有少量的白色相附着在界面处。随着 B 元素的增加，钎缝中的白色相逐渐发生扩散，白色块状相明显减少，白色块状相逐渐向枝晶状转变，白色枝晶相和黑色柱状晶的尺寸逐渐减小，在钢侧附着的白色相逐渐增多。当 B 的含量（质量分数）为 3%时，出现了黑白相间的网状非规则共晶组织，此时钎缝主要由白色相、灰色柱状相和黑白相间的非规则共晶组织组成。为了进一步确定钎缝中的物相组成，使用场发射扫描电镜配备的能谱仪对钎缝微观组织的不同相进行成分分析，分析结果见表3-1。可以发现，钎缝中的黑色柱状相是富Cu相，白色块状相和白色枝晶相为富Ag相。为了判断非规则共晶组织组成，对图3-1（e）的钎缝组织进行了局部区域放大，并使用能谱仪对放大区域进行了面扫和点扫，其放大后的微观组织和面扫描结果如图3-2所示，点扫描分析结果见表3-2。经分析可以发现，白色相被大量的灰色相包围，点分析结果显示是脆性的CuZn、CuSn相。因此，当B含量（质量分数）为3%时，钎缝中的共晶组织为富Cu相、富Ag相、CuZn、CuSn的共晶相[71-73]。

表3-1　钎缝微观组织不同相的成分分析（质量分数）　（%）

点	B	Fe	Cu	Zn	Ag	Sn
1	0.00	99.52	0.31	0.10	0.04	0.08
2	0.00	0.46	17.41	14.93	58.35	8.86
3	0.00	0.85	63.13	27.85	7.12	1.04
4	0.00	0.02	99.88	0.00	0.10	0.00
5	0.00	1.00	14.93	14.66	61.47	7.94
6	0.00	0.88	63.96	27.47	6.59	1.10

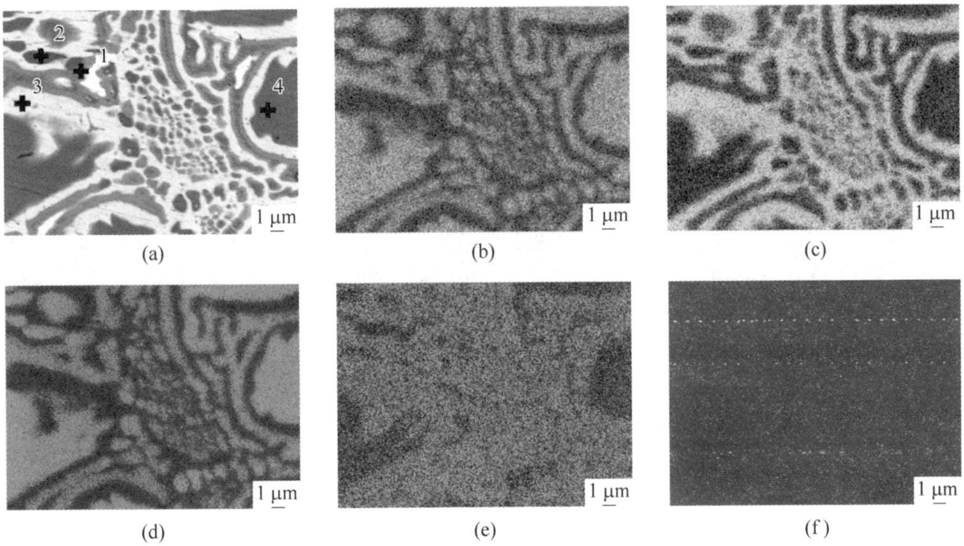

图3-2　在图3-1（e）的高倍放大形貌的元素面扫描分布
（a）钎缝凝固组织；（b）Ag元素；（c）Cu元素；
（d）Zn元素；（e）Sn元素；（f）B元素

彩图

表 3-2　在图 3-1（e）的高倍放大形貌的不同相的成分分析（质量分数）（%）

点	B	Fe	Cu	Zn	Ag	Sn
1	0.00	0.26	37.00	26.33	32.19	4.23
2	0.00	0.38	56.77	34.48	5.30	3.06
3	0.00	0.50	46.24	35.50	16.64	1.13
4	0.00	0.14	61.16	32.80	5.29	0.61

图 3-3 和图 3-4 显示了质量分数为 2% B、3% B 获得的钎焊接头面扫描结果，颜色的明暗程度代表了元素分布含量。可以发现，Cu 元素主要分布在铜侧和钎缝中的富 Cu 相中，在富 Ag 相中微量分布。富 Ag 相主要分布在富 Cu 相之间，Cu 在富 Ag 相中微量分布。而 Fe 元素不与钎缝中的元素发生相互扩散，这与表 3-1 所示的结果是一致的。而银基钎料中 Zn 元素和钎料中 Cu 元素分布是一致的，在富 Ag 相中含量少于富 Cu 相；Sn 元素和 Ag 元素分布是一致的，在富 Cu 相中含量少于富 Ag 相，图 3-2 的面扫描分布图发现了同样的现象。

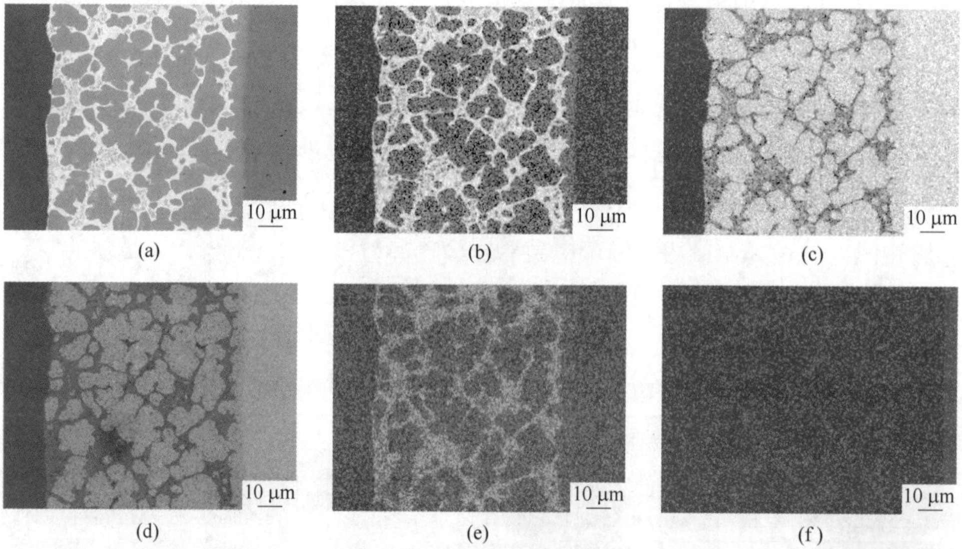

图 3-3　BAg30CuZnSn-2%B 钎料获得的钎焊接头中元素的面扫描分布

（a）钎缝凝固组织；（b）Ag 元素；（c）Cu 元素；（d）Zn 元素；（e）Sn 元素；（f）B 元素

彩图

仅通过点成分分析来判断富 Ag 相和富 Cu 相是不准确的，为了进一步确定钎缝中的相结构，对钎焊接头中的白色块状相、灰黑色柱状进行了 TEM 分析，其衍射斑点如图 3-5 所示。对衍射斑点进行标定，可知白色块状相是富 Ag 相，晶带轴是［110］，其中（$\bar{1}11$）的晶面间距是 2.36 nm、（$\bar{1}13$）的晶面间距是 2.32 nm、（002）的晶面间距是 1.96 nm；灰黑色柱状相是富 Cu 相，晶带轴同样是［110］，其中（$\bar{1}11$）的晶面间距是 2.16 nm，（$\bar{1}13$）的晶面间距是2.16 nm，（002）的晶面间距是 1.84 nm。

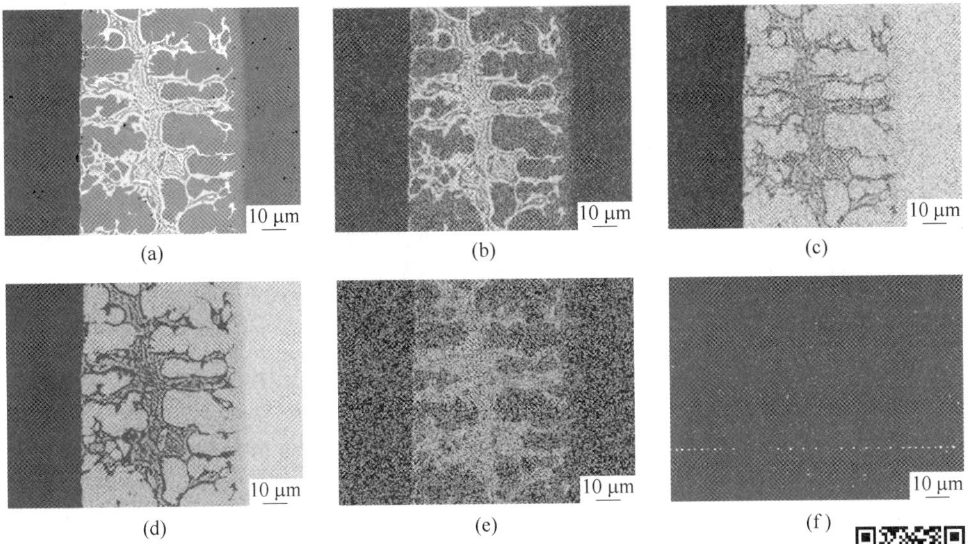

图 3-4 BAg30CuZnSn-3%B 钎料获得的钎焊接头中元素的面扫描分布

（a）钎缝凝固组织；（b）Ag 元素；（c）Cu 元素；（d）Zn 元素；（e）Sn 元素；（f）B 元素

彩图

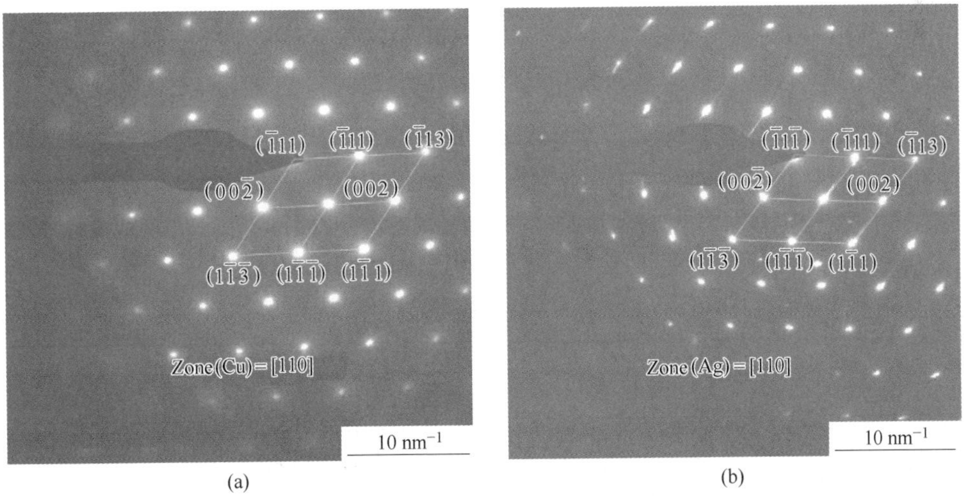

图 3-5 在钎缝中不同相的衍射斑点分析

（a）富 Ag 相的衍射斑点；（b）富 Cu 相的衍射斑点

但是通过点扫描和面扫描数据是无法判断微量 B 元素在钎缝中的分布情况，这主要是由于 B 元素是轻质量元素，很难通过场发射扫描电镜配备的能谱仪分析。因此，为了确定 B 元素的分布情况，使用 EPMA 对 BAg30CuZnSn-3%B 钎料获得的钎缝微观组织进行面扫描，分析结果如图 3-6 所示。图 3-6 中不同的颜色代表元素的不同含量。可以发现 B 元素几乎只在富 Ag 相中分布，极微量的分布在富 Cu 相中。因此可以得出结论，B 元素的添加可以固溶到 Ag 中产生固溶强化作用，提高钎焊接头的强度。

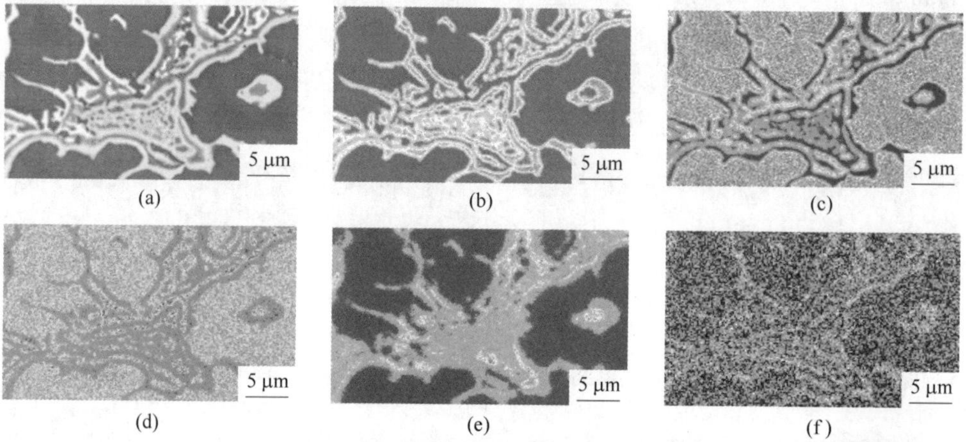

图 3-6　BAg30CuZnSn-3%B 钎料钎缝的局部放大面扫描分布图
（a）钎缝凝固组织；（b）Ag 元素；
（c）Cu 元素；（d）Zn 元素；（e）Sn 元素；（f）B 元素

彩图

3.1.3　焊后处理铜/钢接头典型微观组织

铜和钢的热膨胀系数不同，在焊接过程中会产生较大的残余应力。焊后热处理可以有效降低这些残余应力。例如，在加热过程中，接头内部的原子获得足够的能量，使得因焊接冷却过程中产生的晶格畸变得到部分恢复，从而减少内部的应力集中。一般采用回火处理，回火温度根据铜钢接头的具体材料成分和焊接工艺等因素来确定，通常在 500～650 ℃，这个温度范围可以使接头的残余应力得到显著降低。

采用的外皮是 BAg30T 钎料、芯部是硼酸盐钎剂的新型复合药芯银基钎料。该复合钎料符合自动化和智能化焊接技术、可降低生产成本、便于运输和绿色制造的要求。图 3-7 显示了不同热处理工艺的钎焊接头的宏观形貌。可以发现，铜母材和钢母材形成了良好的冶金结合。但是在 700 ℃发现了较大的裂纹和孔洞。为了进一步研究钎焊接头的微观组织，使用场发射扫描电镜观察了银基钎料钎焊铜/钢接头钎缝的微观结构和元素分布（见图 3-8）。可以发现，在界面区域没有产生化合物相，钎缝由灰黑色相和白色相组成，在 700 ℃时产生了明显的共晶相。为了确定这 3 种相的成分，使用 EDS 的点扫描进行成分分析，3 种相的元素成分被列在表 3-3。可以得出结论，灰黑色相和白色相分别是富 Cu 相和富 Ag 相，针状共晶相是（Ag-Cu）共晶相，这与 J. Cao 等人[74]的研究结果是一致的。

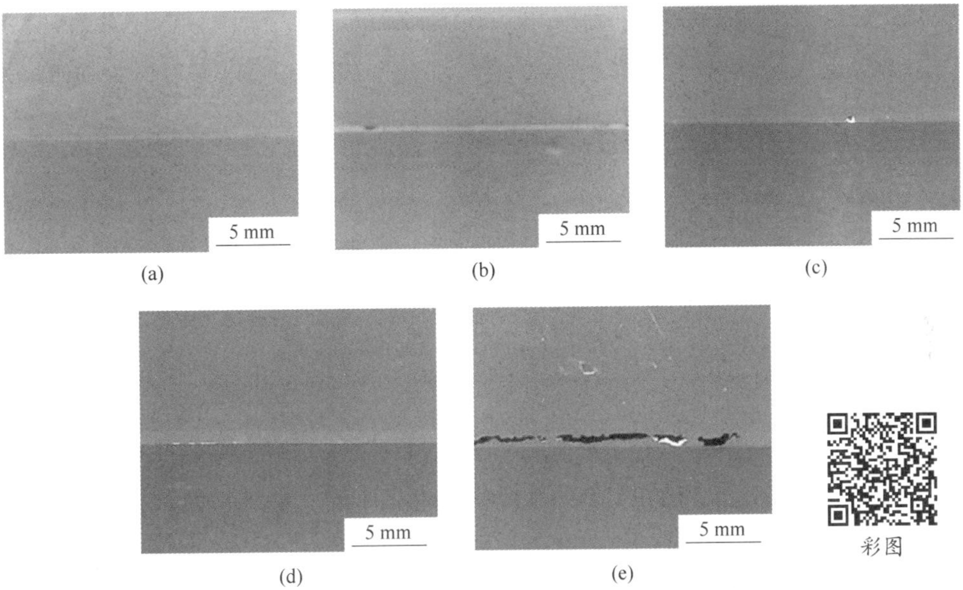

彩图

图 3-7　不同热处理工艺的钎焊接头的宏观形貌

（a）室温；（b）400 ℃；（c）500 ℃；（d）600 ℃；（e）700 ℃

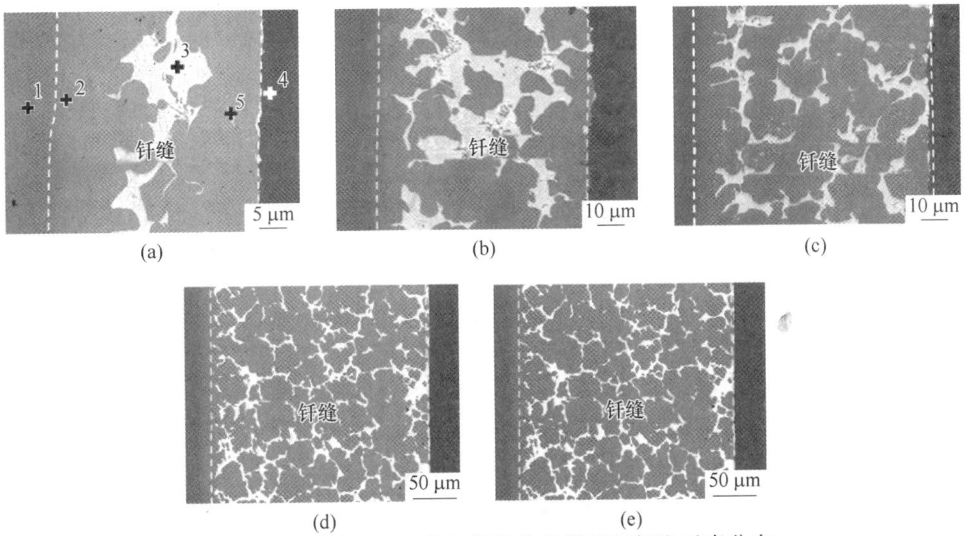

图 3-8　不同热处理工艺钎焊接头的微观组织和元素分布

（a）室温；（b）400 ℃；（c）500 ℃；（d）600 ℃；（e）700 ℃

表 3-3　在图 3-8 中钎焊接头微观组织的点扫结果（原子数分数）　(%)

点	铁	铜	银	锌	锡
1	0.00	99.44	0.37	0.00	0.19
2	0.76	83.98	3.96	11.22	0.09
3	2.42	15.67	65.59	15.46	0.86
4	99.55	0.45	0.00	0.00	0.00
5	3.15	10.37	71.98	12.97	1.52

在不同热处理温度下，铜/钎缝界面均发现连续富 Cu 相过渡层。在没有热处理条件下，富 Ag 相在钎缝中心聚集，并且在铜/钎缝界面和钢/钎缝界面均发现了过渡层。随着热处理温度增加，铜/钎缝界面的过渡层厚度逐渐增加。在钎缝中心区域的富 Cu 相逐渐减少。与此同时，富 Ag 相的体积分数逐渐增加。在700 ℃时，钎缝是由（Ag-Cu）共晶相、富 Cu 相和少量的块状富 Ag 相组成。当温度到 600 ℃时，钎缝中富 Ag 相发生了充分扩散，呈细条状分布，在钢/钎缝界面上附着大量的富 Ag 相。在 700 ℃的时超过了（Ag-Cu）共晶温度（Ag-Cu 共晶温度为 680 ℃），钎缝中的固溶体继续发生扩散，在急速冷却后形成大量共晶相。

图 3-9 和图 3-10 显示了热处理在 600 ℃、700 ℃时钎焊接头能谱的面扫描结果。通过对比可以发现，微量 Sn 元素在钎缝中以点状形式均匀分布。在没有热处理时，Cu 元素分布在钎缝中心以外。随着热处理温度增加，Cu 元素分布逐渐减少并且转变成块状；Ag 元素分布在 Cu 元素周围；Fe 元素只分布在钢侧，在钎缝中不发生扩散。Zn 元素在富 Cu 相中均匀分布，但是在富 Ag 相和（Ag-Cu）共晶相中含量很少。图 3-11 显示了在不同热处理温度时钎焊接头的线扫描结果，在台阶状扫描区域中，Cu 元素比 Ag 元素高的区域是富 Cu 相，Ag 元素含量高于 Cu 元素的区域是富 Ag 相。然而在 700 ℃的时候，在针状区域可以发现是富 Cu 相和富 Ag 相结合的区域，属于典型的（Ag-Cu）共晶[75]。

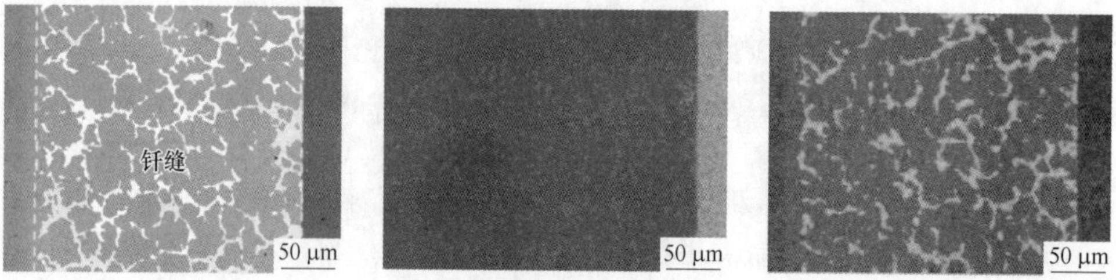

(a)　(b)　(c)

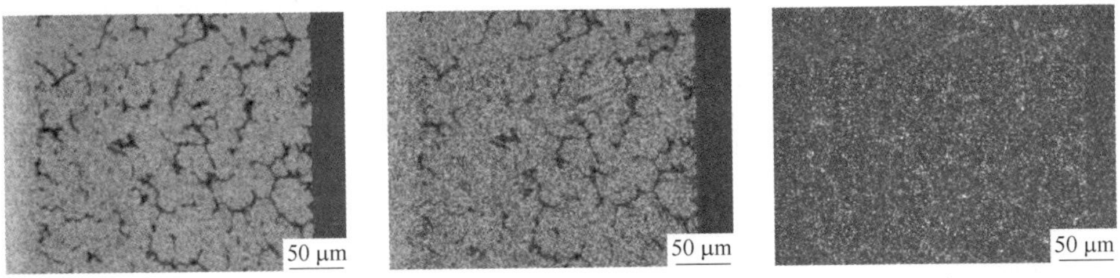

图 3-9 600 ℃的焊后热处理工艺的钎焊接头的面扫描分布

(a) 钎焊接头的横截面；(b) Fe 元素；(c) Ag 元素；

(d) Cu 元素；(e) Zn 元素 (f) Sn 元素

彩图

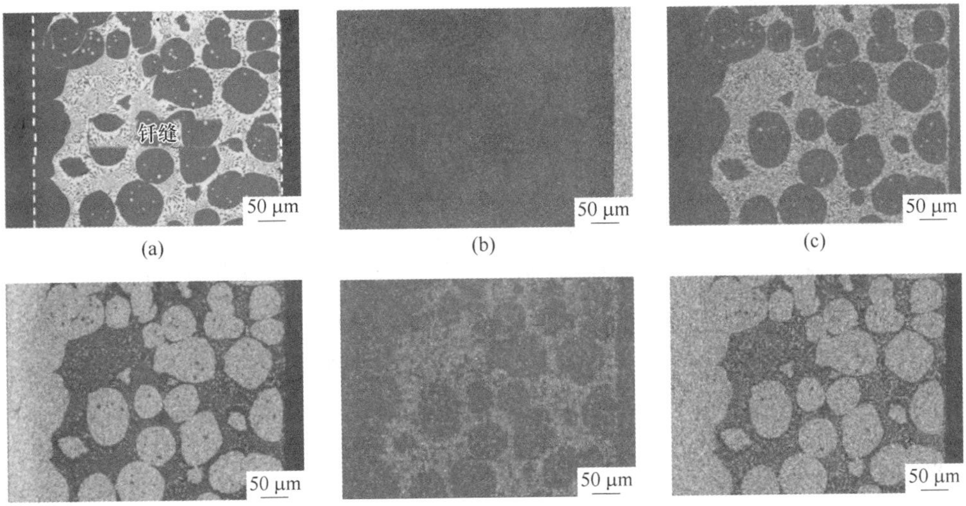

图 3-10 700 ℃的焊后热处理工艺的钎焊接头的面扫描分布

(a) 钎焊接头的横截面；(b) Fe 元素；(c) Ag 元素；

(d) Cu 元素；(e) Zn 元素；(f) Sn 元素

彩图

图 3-12 显示了富 Ag 相和富 Cu 相的晶胞模型。在感应钎焊过程中，由于感应磁场产生的集肤效应，温度是快速上升且快速下降。在元素周期表中，Zn 元素和 Cu 元素是属于相同周期元素，Ag 元素和 Cu 元素是属于不同周期元素，Cu、Zn 元素之间的原子半径差比 Ag、Zn 之间的原子半径差更小，此时 Zn 元素在 Cu 中的固溶度是大于在 Ag 中的固溶度[76]，Cu、Ag 元素都是面心立方结构，Zn 元素属于密排六方结构。在钎料熔化后的凝固过程中，Zn、Ag 元素首先通过间隙或者置换的方式与 Cu 元素结合形成高熔点富 Cu 相。随着凝固过程的进行，液相中剩余的 Cu、Zn 元素含量逐渐减小，剩余 Cu、Zn 元素与 Ag 元素

结合形成低熔点富 Ag 相[77]。随着热处理温度的升高，吸收了足够能量的富 Ag 相在钎缝中充分扩散，富 Ag 相在钎缝中逐渐均匀。在铜/钎缝界面处，由于存在着浓度梯度，富 Cu 相和铜母材会进一步发生扩散，扩散层厚度逐渐增加。根据 Ag-Cu 相图可以发现，Ag-Cu 的共晶点是 780 ℃，但是随着富 Ag 相和富 Cu 相里其他低熔点溶质的溶入，富 Ag 相和富 Cu 相熔点降低，最终使得 Ag-Cu 共晶点降低[78]。当温度达到 700 ℃后，达到了（Ag-Cu）共晶点，在长时间保温和急速冷却条件下，（Ag-Cu）共晶相产生。

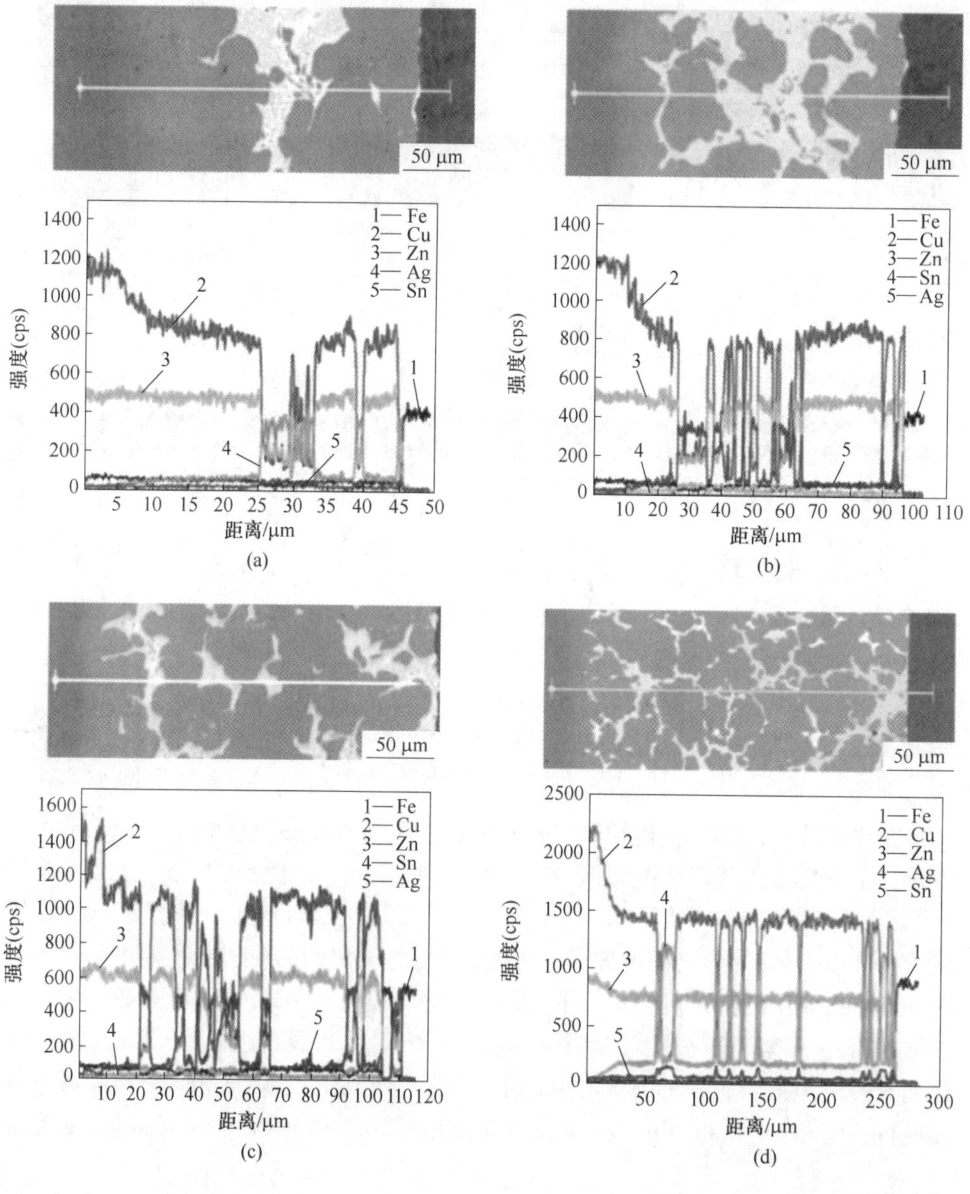

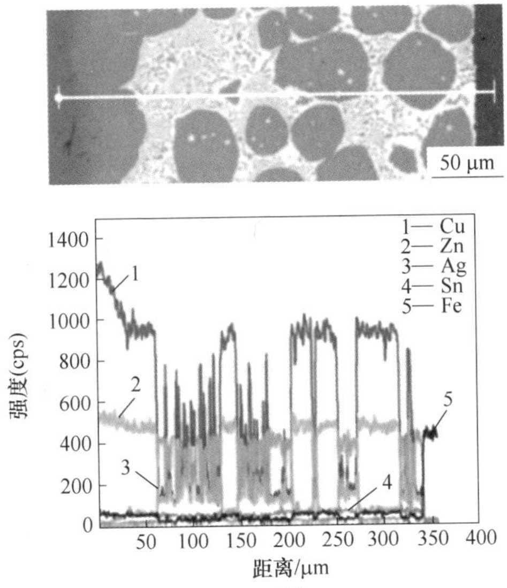

(e)

彩图

图 3-11 不同焊后热处理工艺的钎焊接头线扫描结果

(a) 室温；(b) 400 ℃；(c) 500 ℃；(d) 600 ℃；(e) 700 ℃

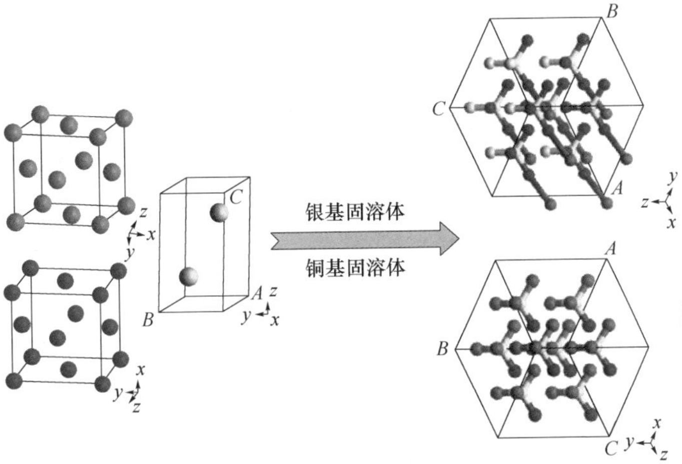

彩图

图 3-12 富 Cu 相与富 Ag 相的晶胞模型

3.2 铜/钢钎焊接头力学性能

3.2.1 铜/钢接头塑韧性

B 是一种微量元素，在焊接过程中可以起到多种作用。B 能够改变焊缝金属的结晶过程，它容易偏聚在晶界处，通过对晶界能的影响来改变晶粒的生长形态。同时，B 还可能与焊缝中的其他元素发生化学反应，生成一些化合物，这些化合物会对焊缝的组织结构产生影响，进而影响焊接接头的塑韧性。此外，B 在一定程度上可以细化焊缝金属的晶粒。当 B 添加到铜钢接头的焊缝中时，它会在凝固过程中作为异质形核的核心，增加形核率，从而抑制晶粒的长大。对于钢焊缝部分，细化的晶粒可以提高钢的强度和韧性。因为细晶粒钢的晶界面积较大，在承受外力时，晶界可以有效地阻碍位错的运动，使得裂纹的扩展更加困难，从而提高韧性。

通过 IPF 图（见图 3-13）分析了钎缝中富 Ag 相和富 Cu 相的晶粒取向，颜色和晶粒取向的对应关系遵循右上角的球面三角形。可以看出，随着 B 元素的添加，钎缝中的富 Ag 相和富 Cu 相的晶粒取向均表现为各向异性分布，钎焊接头具有良好的力学性能，而晶粒尺寸有明显的细化现象。

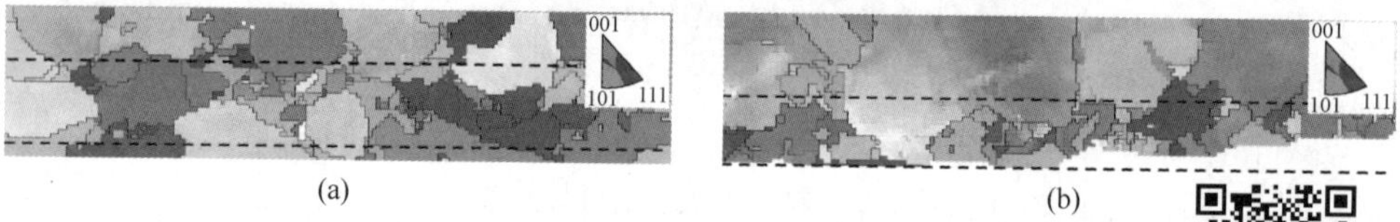

图 3-13　钎缝组织的 IPF 图
（a）0；（b）3%

彩图

在添加 B 元素之后，晶粒细化会导致应力和应变的重新分布，而最终应力集中区域和结合力较弱的区域更容易导致孔洞、裂纹等缺陷的形成。通过提取 EBSD 图中的 KAM 图可以反应晶内和晶界的应变集中情况，塑性变形的分布与演变[79-80]。对不同含量 B 元素的添加形成的钎缝进行 EBSD 扫描，其 KAM 分布如图 3-14 所示，不同的颜色代表不程度的应变集中，可以反映晶粒内部和晶界的塑性变形能力。这样比较容易看出晶粒内部和晶界的强度差异。随着 B 含量的增加，晶内和晶界的变形都有一定程度的增加。当变形程度较小的时候，晶内塑性变形早于晶界，说明晶内比晶界的强度低。当 B 元素的添加量（质量分数）为 3%时，晶界上出现了更大的变形，最后影响到接头的力学性能。

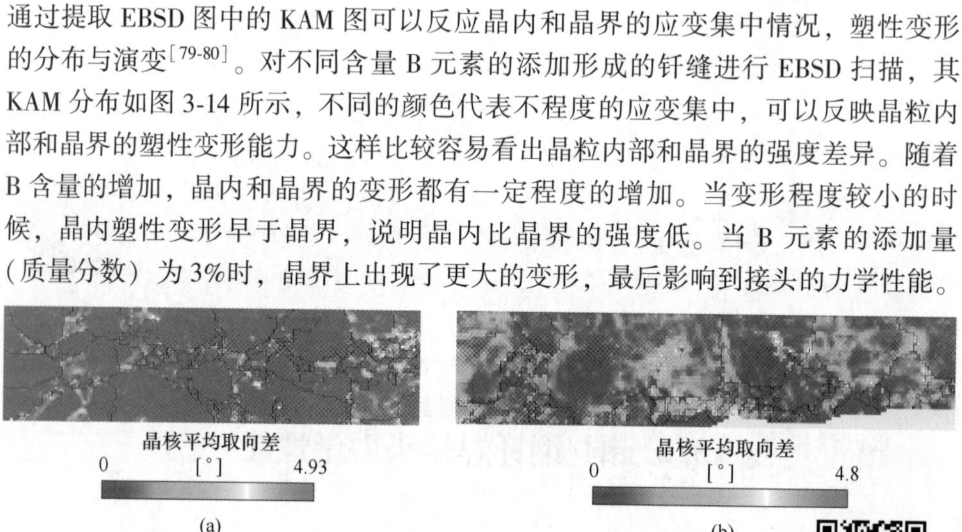

图 3-14　钎缝中富 Ag 相和富 Cu 相的变形
（a）0；（b）3%

彩图

根据图 3-13 和图 3-14 可以发现，B 含量对等轴富 Cu 相尺寸和形态影响明显。随着 B 含量增加，等轴富 Cu 相尺寸逐渐减小，等轴晶数量逐渐增加。同时，富 Cu 相枝晶尖端半径随着 B 含量增加而逐渐减小，形核数目不断增加。此外，B 元素还可以促进富 Cu 相形成，抑制块状富 Ag 相的生成并促进枝晶的形成。

由于 B 与 Ag 化学亲和力要大于 B 与 Cu 化学亲和力，从而使得 B 元素会在富 Ag 相晶界区域富集，因此添加 B 元素会产生晶界强化作用限制富 Ag 相的生长。在钎缝的凝固过程中，Ag 元素会源源不断从液态钎料向 Ag 枝晶方向扩散。在凝固过程中，Cu 原子、Zn 原子和 Sn 原子的溶质再分配使得这些溶质原子从枝晶向液固界面前沿扩散。然而，周围富含 B 原子的区域会阻碍这些溶质原子的扩散，从而限制了 Ag 枝晶生长。在枝晶形核和生长过程中，凝固潜热的存在使枝晶表面富含的 B 原子降低了液态钎料的导热系数，导致凝固潜热无法及时释放，从而使液固界面前沿液态钎料温度升高，减小过冷度并抑制枝晶的生长[81]。

图 3-15（a）显示了不同 B 元素作用下钎缝中的显微硬度值。可以看出，富 Cu 相的显微硬度整体高于富 Ag 相。在未添加 B 元素时，钎缝中富 Ag 相和富 Cu 相的显微硬度值为 8.02 GPa、8.73 GPa；随着 B 元素的添加，钎缝中的显微硬度值逐渐增加，当 B 元素的含量（质量分数）为 3%时，钎缝中富 Ag 相和富 Cu 相的显微硬度值达到了 10.37 GPa、12.00 GPa，硬度值增加了 29.3%和 37.45%。图 3-15（b）显示了使用纳米压痕仪对 BAg30CuZnSn-xB 钎缝整个区域测试的显微硬度值，试的硬度值主要包括钢侧、钎缝、铜侧 3 个区域。3 个区域的显微硬度值大小为：钢侧>钎缝>铜侧。随着 B 元素的添加，钎缝中的显微硬度值逐渐增加。B 元素的添加会使得富 Cu 相和富 Ag 相发生晶粒细化，这些细小的晶粒会

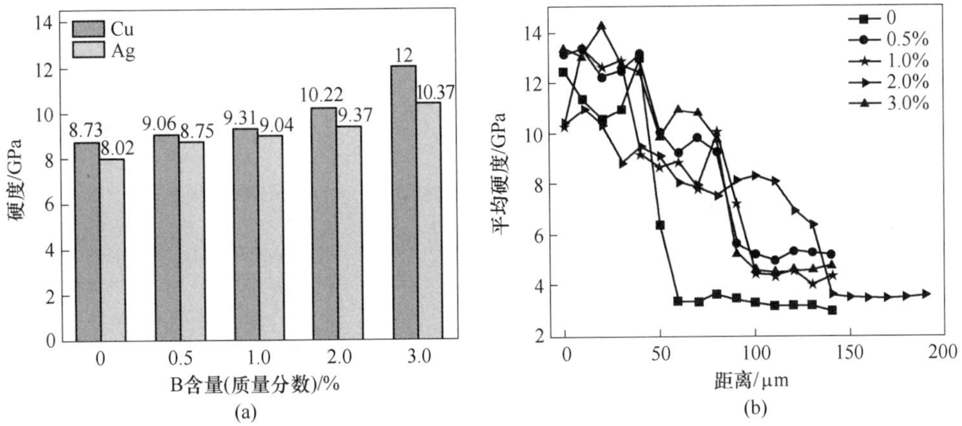

图 3-15 不同 B 元素作用下钎焊接头的硬度

（a）钎缝中显微硬度的变化；（b）钎缝中硬度的分布

阻碍压头压入试样中，因此会使得显微硬度增加（见表3-4）[82-84]。而在B元素的添加量（质量分数）为3%时，钎缝中多为富Ag相、富Cu相、CuZn相、CuSn相的共晶组织，在压头压入时容易产生应力集中，使得硬度进一步增加。

表3-4　B粉含量对钎缝组织显微硬度的影响

B粉含量/%	0	0.5	1	2	3
银	8.02	8.75	9.04	9.37	10.37
铜	8.73	9.06	9.31	10.22	12.00

一般来说，在未进行热处理时，钎焊接头主要由钎缝区和母材与钎料的界面区组成。钎缝区的组织主要是凝固后的钎料组织，其晶粒大小和形态受钎焊工艺参数（如加热速度、冷却速度等）的影响。界面区则是由于钎料与母材之间的相互扩散形成的，可能会有一些金属间化合物生成。例如，在铜-钢钎焊中，使用银基钎料时，可能会在界面处形成铜-银、铁-银等金属间化合物，这些化合物的存在会影响接头的性能。

当对铜钢钎焊接头进行热处理时，主要目的是减少焊接过程中产生的残余应力。在较低温度（一般低于钎料熔点）下进行退火处理，接头组织中的残余应力会得到释放。例如，在300~400 ℃退火，钎缝区的组织形态不会发生明显变化，但由于应力的释放，金属间化合物在界面处的分布可能会更加均匀。从微观角度看，应力的释放可以减少位错等晶体缺陷的积累。在未退火时，由于焊接冷却过程中产生的热应力，位错密度较高，而退火后位错会通过攀移和滑移等方式重新分布，使接头组织更加稳定。

在热处理时，如果使用银基钎料，银原子会向铜和钢母材中进一步扩散，同时铜和铁原子也会向钎缝区扩散。这种扩散会使界面处的金属间化合物层厚度和成分发生改变。在合适的条件下，金属间化合物层可能会变得更加连续和均匀，减少了因化合物层厚度不均或成分偏析而导致的接头性能下降问题。同时，钎缝区的组织会从相对粗大的凝固组织向更加细小均匀的组织转变，这是由于元素扩散促进了晶粒的细化。

在铜钢异种金属钎焊接头高温热处理时，钎缝组织会面临较大变化。一方面，原子扩散更加剧烈，可能使钎缝中的成分进一步均匀化，但另一方面，过高的温度也可能导致钎料中的某些元素挥发或者与母材发生过度反应，改变钎缝的原有性能。例如，对于一些含锌的钎料，温度过高时锌元素容易挥发，使得钎缝的成分改变，导致其强度和韧性都可能下降。而且高温下，如果钎缝组织的冷却速度控制不好，容易产生粗大的晶粒，使钎缝的韧性变差。像在700 ℃热处理后快速冷却，钎缝可能出现粗大的等轴晶组织，其冲击韧性相比中温热处理后的状态可能降低30%~40%。对界面组织来说，适当的高温可以使界面处形成更厚、结合更牢固的扩散层，通过元素充分扩散提升界面的结合强度和韧性。但如果温度过高或者处理时间过长，由于铜和钢热物理性质差异大，容易在界面处产生热应力，甚至可能导致界面出现开裂、脱粘等现象，严重破坏界面的完整性和韧性。

图 3-16 统计了在不同热处理温度时富 Ag 相和富 Cu 相的晶粒尺寸分布。计算后的平均晶粒尺寸结果见表 3-5。可以看出，随着热处理温度的升高，晶粒尺寸逐渐增加，在 600 ℃时晶粒尺寸降低，在 700 ℃时晶粒尺寸又骤然增加。这主要是由于前期晶粒的生长主要受粗化行为影响，在后期的晶粒生长受再结晶的影响较大。钎缝中富 Ag 相和富 Cu 相的反极图结果如图 3-17 所示，颜色和晶体对应关系见右上角的球面三角形。可以发现，钎缝中富 Ag 相和富 Cu 相都呈现各向异性。图 3-18 为不同热处理工艺的富 Ag 相和富 Cu 相的极图，可以发现，随着热处理温度的增加，富 Ag 相和富 Cu 相晶粒都出现了明显的织构特征，织构强度是先上升、后下降再上升的波浪式趋势，这与表 3-5 所示的富 Ag 相和富 Cu 相晶粒尺寸变化是一致的。

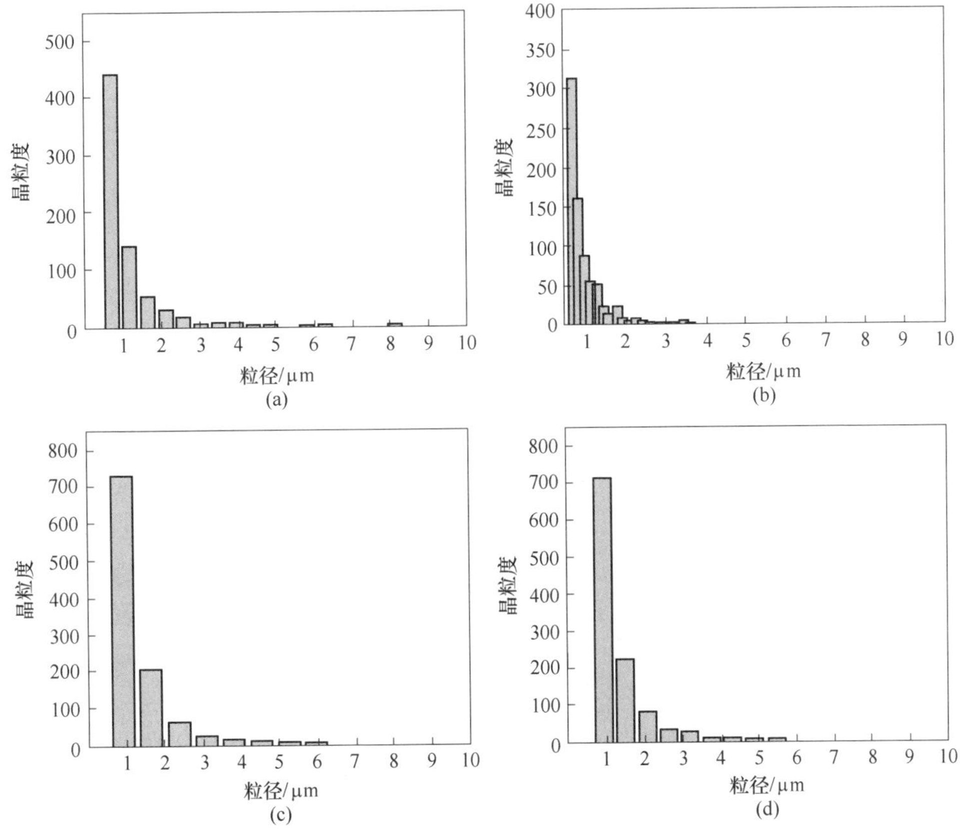

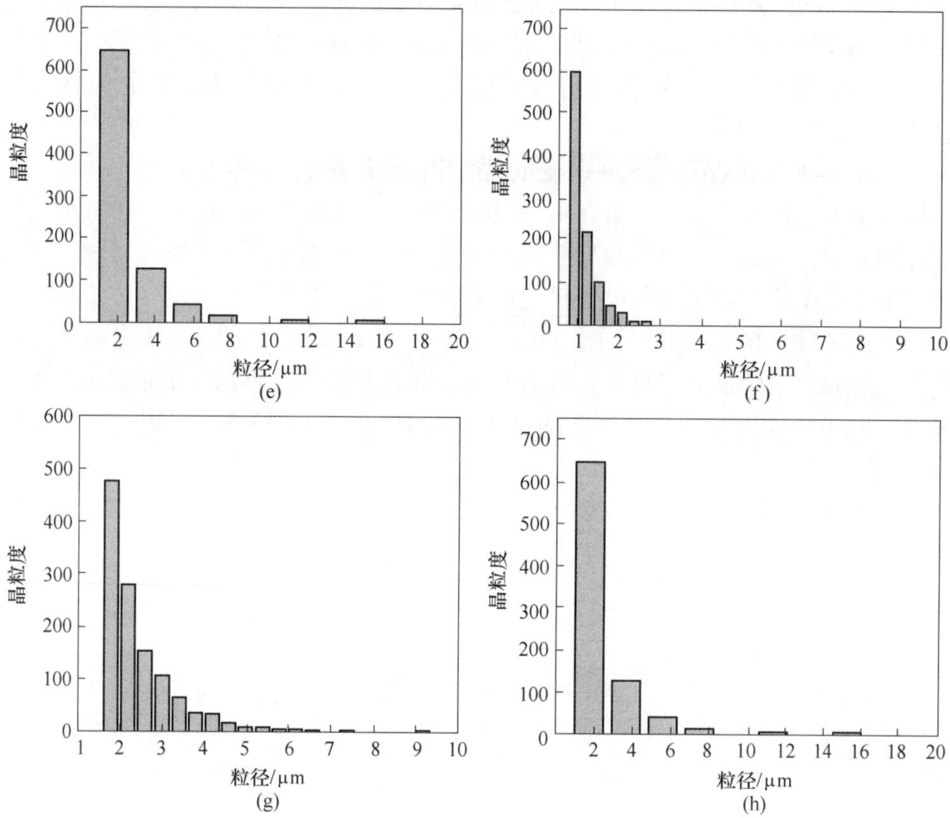

图 3-16　在不同的热处理工艺下钎缝中的晶粒尺寸分布
(a) Ag, 400 ℃; (b) Cu, 400 ℃; (c) Ag, 500 ℃; (d) Cu, 500 ℃;
(e) Ag, 600 ℃; (f) Cu, 600 ℃; (g) Cu, 700 ℃; (h) Ag, 700 ℃

表 3-5　钎缝中的富 Ag 相和富 Cu 相的平均晶粒尺寸

晶粒名称	平均晶粒尺寸/μm			
	400 ℃	500 ℃	600 ℃	700 ℃
富银相	1.47	1.73	1.59	3.78
富铜相	1.12	1.60	1.31	2.71

一个晶粒的生长是需要消耗掉其邻近晶粒。随着热处理温度的升高，富 Ag 相和富 Cu 相的晶粒尺寸增加且数量逐渐减少，反应一段时间后形成的晶粒必然来自有着相同取向的晶粒。由于富 Ag 相和富 Cu 相的晶体结构是各向异性，在同一个反应体系内，不同取向晶粒的表面能是不同的。为了降低表面能，原子易于从表面能较高的晶粒扩散进表面能较低的晶粒，这就意味着表面能较高的晶粒不稳定，易溶解，而表面能较低的晶粒可以稳定生长。随着反应进行，后者表面能

较低的晶粒尺寸超过前者，又由于较大的晶粒尺寸更容易“吞食”前者[84]。结果，随着固相反应的进行，富 Ag 相和富 Cu 相晶粒变得越来越少且越来越大，织构逐渐形成并且强度逐渐增加。当温度达到 600 ℃时，由于温度超过了两种相的再结晶温度，使得织构强度减弱。随着温度达到 700 ℃，在较长时间的保温下，晶粒发生了二次再结晶现象，晶粒又再次长大，织构特征进一步增强。

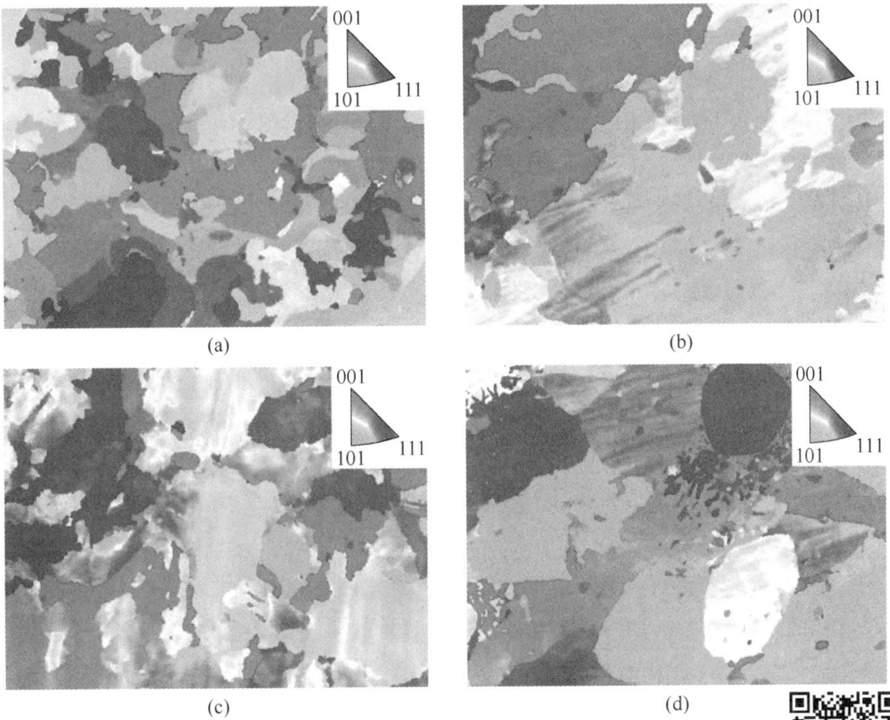

图 3-17　在不同热处理工艺下钎缝的 IPF 图

（a）400 ℃；（b）500 ℃；（c）600 ℃；（d）700 ℃

彩图

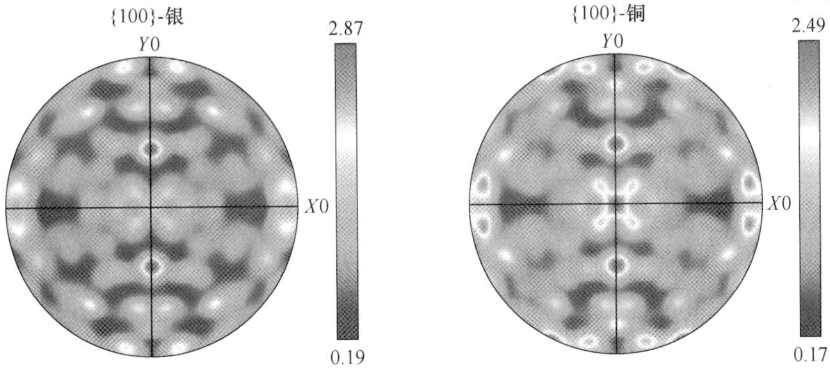

(a)　　(b)

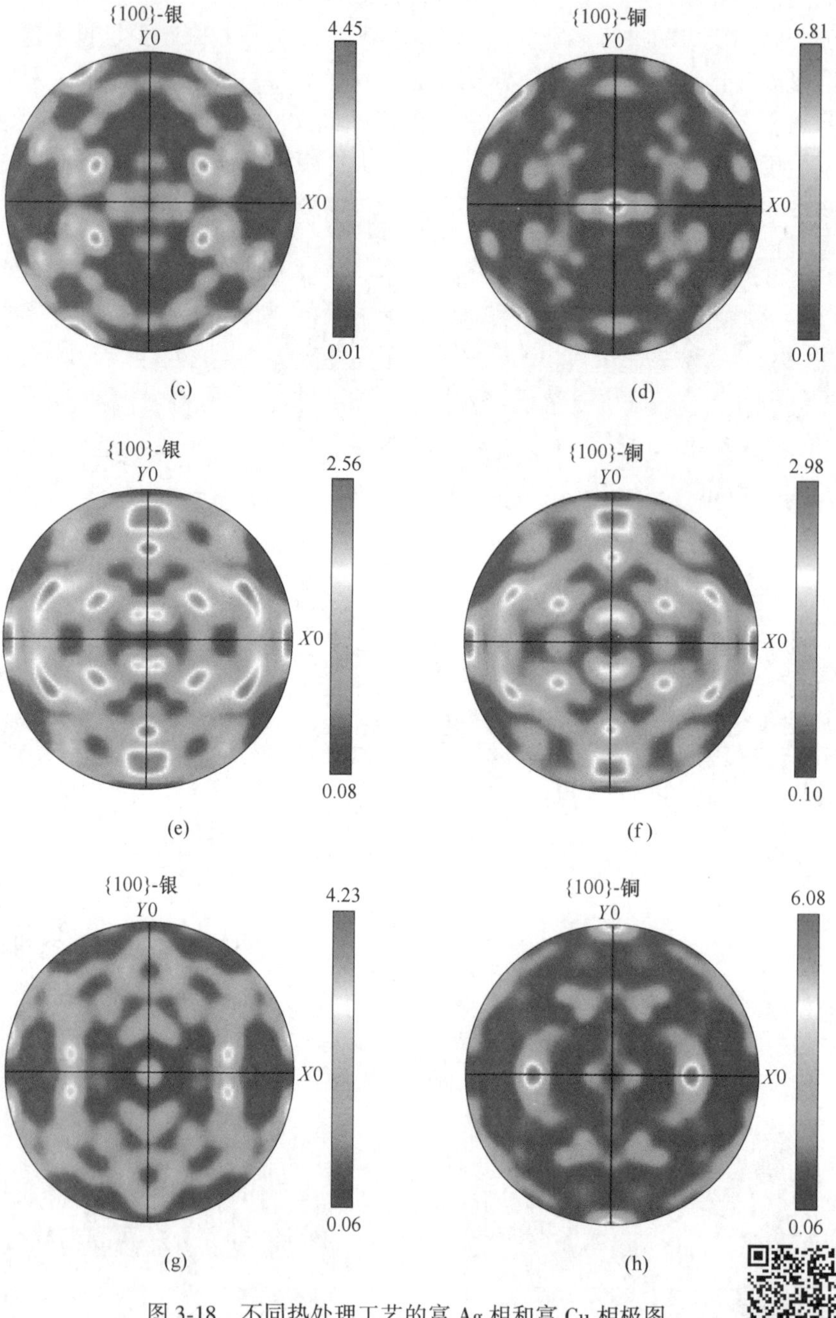

图 3-18　不同热处理工艺的富 Ag 相和富 Cu 相极图

(a)(b) 400 ℃;(c)(d) 500 ℃;(e)(f) 600 ℃;(g)(h) 700 ℃

彩图

图 3-19 显示了不同热处理温度下钎缝中富 Ag 相和富 Cu 相的小角度晶界和

大角度晶界的分布。可以看出，随着热处理温度的升高，大角度晶界峰值逐渐右移，更大角度的晶界逐渐增多。大角度晶界是被认为具有较高的开裂倾向，小角度晶界具有抗裂纹形核与扩展的能力。大角度晶界的晶界结构与界面能具有一定的关系，当晶界取向差频率达到最大值时，晶界能达到峰值，此时晶界强度最低，更容易产生缺陷[80]。相邻晶粒之间的塑性变形会导致晶界的晶格畸变增加，小角度晶界取向差受应变影响而增加，导致小角度晶界减少，因此大角度晶界比例增加。当一条晶界上同时具有大角度晶界和小角度晶界时，孔洞等缺陷更倾向在大角度晶界形成。

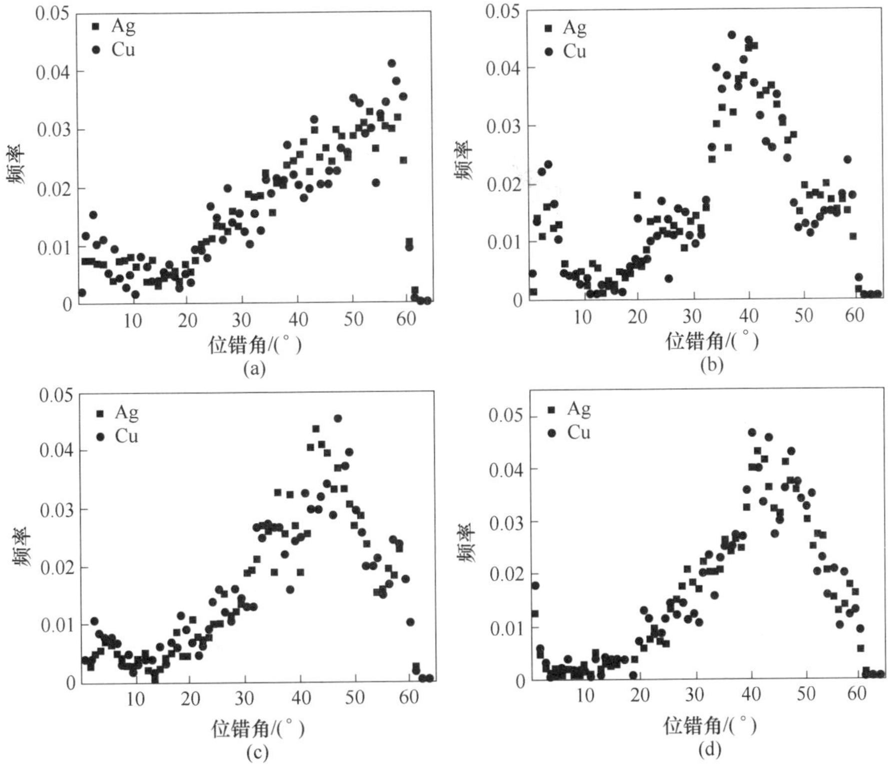

图 3-19 在不同热处理温度下钎缝中富 Ag 相和富 Cu 相的小角度晶界和大角度晶界的分布
(a) 400 ℃；(b) 500 ℃；(c) 600 ℃ (d) 700 ℃

不同热处理温度下钎缝的纳米压痕如图 3-20 所示，富 Ag 相和富 Cu 相的平均显微硬度值如图 3-21 所示。可以看出，富 Cu 相硬度要高于富 Ag 相，这与 Zhang 等人[11]的研究结果保持一致。但是在 700 ℃时，富 Ag 相的显微硬度高于富 Cu 相，这是因为钎缝中富 Ag 相主要以（Ag-Cu）共晶形式存在，更容易发生应力集中，此时会阻碍压头压入试样，显微硬度增加。在不同热处理条件下，富

Cu 相和富 Ag 相的显微硬度变化是一致的。随着热处理温度的升高，富 Cu 相和富 Ag 相的显微硬度值都逐渐降低，在 600 ℃的时候急剧增加达到最高值，在 700 ℃的时候硬度值下降。

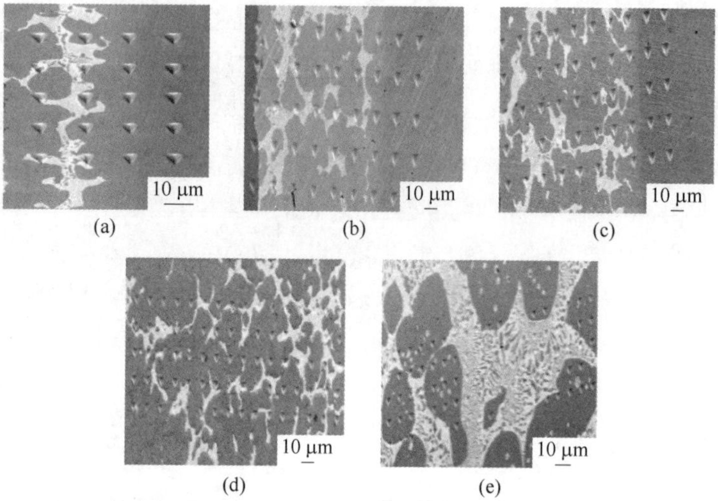

图 3-20　不同热处理温度下钎缝的纳米压痕

（a）室温；（b）400 ℃；（c）500 ℃；（d）600 ℃；（e）700 ℃

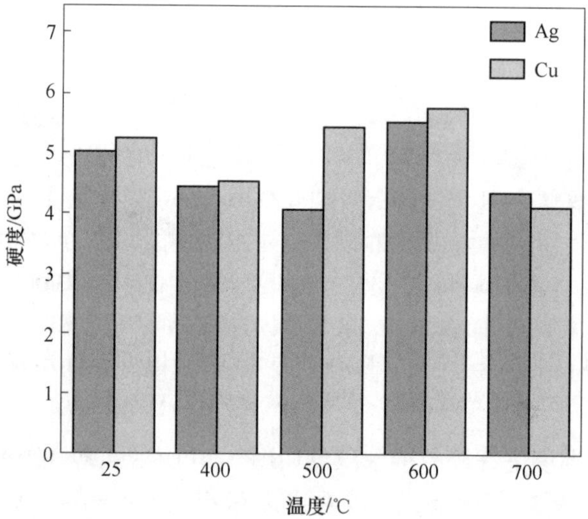

图 3-21　焊后热处理在钎缝内的富 Ag 相和富 Cu 相的硬度平均值的影响

随着热处理温度的升高。富 Ag 相和富 Cu 相发生了粗化行为，晶粒尺寸增加，导致了两种相的硬度值逐渐降低。在 600 ℃时，温度超过了两种相的再结晶温度，富 Cu 相和富 Ag 相的晶粒被细化，这些较小尺寸的晶粒能够抵抗压头渗透到材料，因此显微硬度值增加。随着温度的进一步升高，富 Ag 相和富 Cu 相发现了二次再结晶现象，细化的晶粒再一次异常长大，最后导致了硬度下降。

在铜钢焊接过程中，B 元素有着不可忽视的重要地位。在未实施热处理时，其于铜钢接头的焊缝中发挥着诸多作用。它能够对结晶进程予以改变，借助在晶界处的偏聚现象，有效地调控晶粒的生长形态。与此同时，它还会与焊缝中的其他元素发生化学反应，形成特定的化合物，这些化合物会对焊缝组织产生作用，进而影响到焊接接头的塑韧性。此外，B 元素具备细化晶粒的能力，它以异质形核核心的角色出现，成功抑制了晶粒的长大过程，并且促进了富 Cu 相的生成，同时对块状富 Ag 相的形成起到了阻碍作用，从而在多个方面改变着焊缝的微观结构与性能表现。从相关图分析能发现，添加 B 后富 Ag 相和富 Cu 相晶粒取向呈现各向异性且尺寸变小，不过晶粒细化也致使应力应变重新分布，随着 B 含量上升，晶内和晶界变形增大，当 B 含量（质量分数）达 3%时，晶界变形严重，损害接头力学性能。因 B 与 Ag 有较大亲和力，会在富 Ag 相晶界富集达成晶界强化并限制其生长，还阻碍溶质原子扩散从而抑制 Ag 枝晶生长。未添加 B 时富 Cu 相显微硬度高于富 Ag 相，添加 B 后钎缝显微硬度提升，B 含量（质量分数）为 3%时因共晶组织引发应力集中使得硬度进一步提高。而接头经过热处理后，能够释放残余应力，促使金属间化合物均匀分布，减少位错积累以稳固接头组织；银基钎料热处理可推动原子扩散，优化界面化合物层并细化钎缝组织。高温热处理时，钎缝原子扩散加剧，但可能造成元素挥发或过度反应改变性能，像含锌钎料锌元素的挥发，并且若冷却不当易产生粗大晶粒降低韧性；适宜的高温可强化界面扩散层，可一旦温度过高或时间过长，由于铜钢热物理性质的差异会产生热应力，导致界面开裂脱粘。在不同热处理温度下，富 Ag 相和富 Cu 相晶粒尺寸先增大后降低再增大，600 ℃因再结晶尺寸变小，700 ℃因二次再结晶而增大，其织构强度呈波浪式变动且和晶粒尺寸相关联，大角度晶界随温度升高而增多且容易产生缺陷，小角度晶界具备抗裂能力。富 Cu 相硬度通常高于富 Ag 相，700 ℃时富 Ag 相因共晶形式应力集中致使硬度反超，随着热处理温度升高，富 Cu 相和富 Ag 相硬度先降低后升高再降低，这和晶粒粗化、再结晶及二次再结晶引发的尺寸变化密切相关。

3.2.2 铜/钢接头抗剪强度

为了进一步了解不同的 B 粉含量对钎焊接头力学性能的影响，对于接头进行了拉伸试验，试验结果如图 3-22 所示。随着 B 元素的添加，钎焊接头的抗剪强度呈现先上升后下降的趋势，在未加 B 元素时，钎焊接头的抗剪强度为

284. 17 MPa。在 B 元素含量（质量分数）为 2%时钎焊接头的抗剪强度达到最大值（318. 98 MPa），随着 B 元素的继续添加，接头的抗剪强度下降。B 元素能够以溶质的形式固溶到富 Ag 相和富 Cu 相中发生固溶强化，并且使得钎缝内部的富 Ag 相和富 Cu 相发生晶粒细化。因此，固溶强化和晶粒细化的双重作用使得接头的强度增加。而 B 元素的含量（质量分数）为 3%时，钎缝内部产生了大量的共晶组织和脆性相，弱化了接头的性能，使得接头的抗剪强度降低。

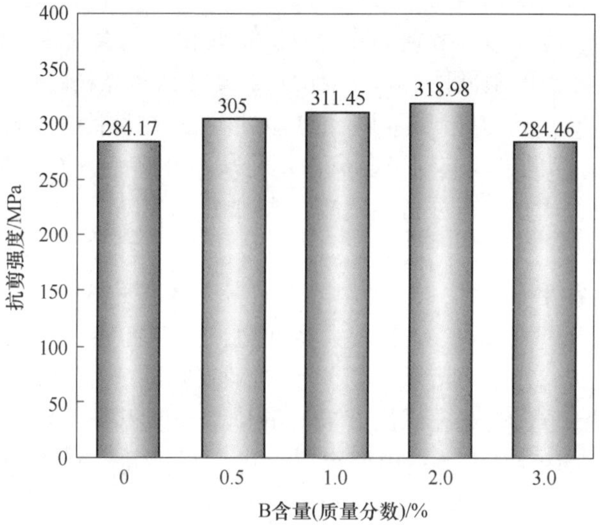

图 3-22　钎焊接头的抗剪强度试验结果

图 3-23 显示了铜/钢钎焊接头在热处理后接头力学性能的抗剪强度，表 3-6 显示了在拉伸试验后接头的断裂信息。从结果显示，随着热处理温度的升高，接头的平均抗剪强度值增加。在 600 ℃ 时，钎焊接头的抗剪强度最大，为 216. 92 MPa，相比较未进行热处理时接头强度高出 48%。在 700 ℃时，接头的抗剪强度值下降，接头的平均强度是 166. 5 MPa。钎缝主要由富 Ag 相和富 Cu 相组成。随着焊后热处理温度的增加，钎缝中的富 Ag 相和富 Cu 相吸收了足够能量。富 Cu 相与铜母材熔合，使得钎缝的厚度逐渐增加，而富 Ag 相也发生了明显扩散。富 Ag 相和富 Cu 相的存在会发生固溶强化，从而增强接头的力学性能。在 600 ℃的时候，固溶强化、细晶强化、弥散强化的三重作用使得钎焊接头的强度值达到最大。当温度达到 700 ℃时，钎缝中的共晶组织增多并产生了裂纹，而共晶组织的性能相对于固溶体是较差的。接头的富 Ag 相和富 Cu 相的大角度晶界和变形程度增加，使得接头有更高的开裂倾向和局部的应力集中。钎缝中的共晶结构、粗化行为、晶格畸变、应力集中、裂纹缺陷的共同作用导致了接头的力学性能降低。

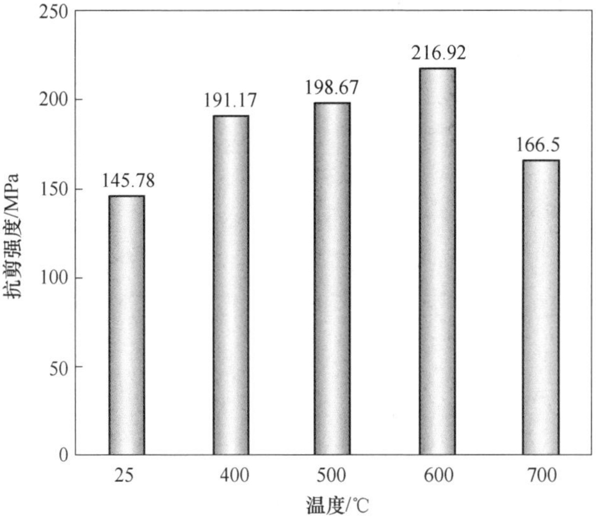

图 3-23 焊后热处理工艺对接头抗剪强度的影响

表 3-6 接头的断裂信息

T/℃	拉伸断裂试样	断裂位置	物理性能/MPa	接头强度提升率/%
25		钎缝	145. 78	43
400	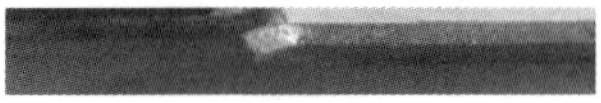	钎缝	191. 17	56. 3
500		钎缝	198. 67	58. 5
600		钎缝	216. 92	63. 9
700		钎缝	166. 5	49. 0

在对铜钢钎焊接头的研究中，涉及 B 粉含量与热处理温度两方面因素对接头力学性能的影响。B 元素可固溶到富 Ag 相和富 Cu 相中达成固溶强化，并且能细化晶粒，此双重作用促使强度提升，然而当 B 含量（质量分数）达 3%时，钎缝内产生大量共晶组织与脆性相，弱化了接头性能从而导致强度降低。在热处理温度方面，钎缝由富 Ag 相和富 Cu 相构成，热处理升温使二者吸收能量，富 Cu 相与铜母材熔合，富 Ag 相发生扩散，借助固溶强化提升了力学性能，在 600 ℃时因固溶、细晶、弥散强化三重作用使得强度达到峰值，而在 700 ℃时共晶组织增多、出现裂纹，大角度晶界和变形程度增加等多种因素共同作用，最终致使接头力学性能降低。

3.3　铜/钢钎焊接头断口微观组织

对银基钎料钎焊的试样进行拉伸之后，钎焊接头拉伸断口形貌的影响如图 3-24 所示。在未添加 B 元素时，断口出现比较完整的细小晶粒，属于明显的沿晶断裂，而且沿晶断裂属于脆性断裂的一种。当 B 元素的添加量（质量分数）为 1%时，断口出现了的韧窝和解理面，属于韧-脆混合断裂。B 元素的含量（质量分数）为 3%时，断口出现了高低不平的解理面，属于脆性断裂。因此随着 B 元素的添加，接头的断裂形式由脆性断裂变为韧脆混合断裂，最后转变为脆性断裂。

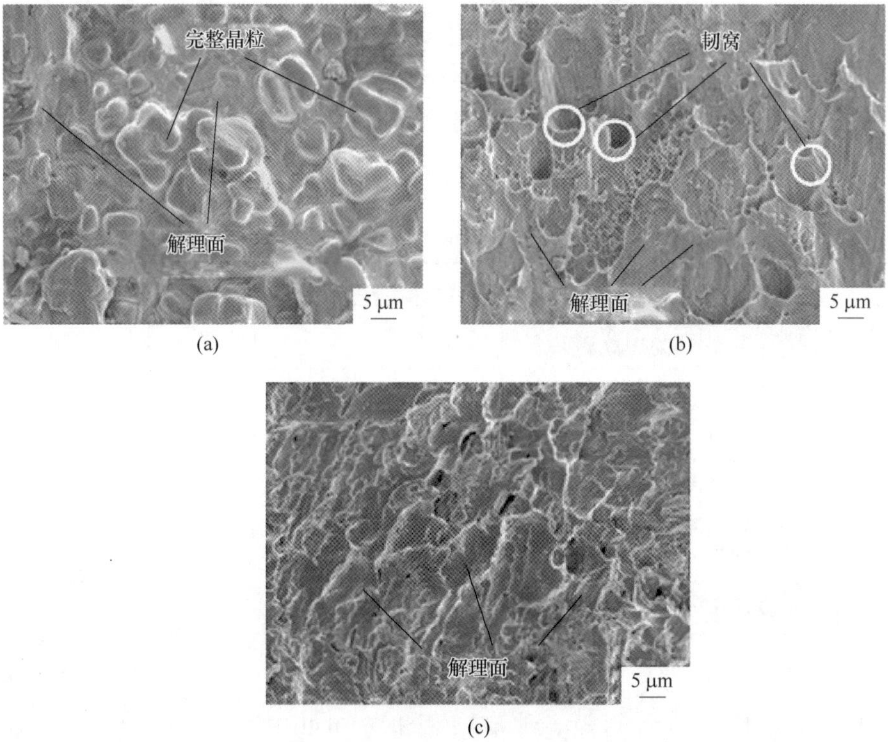

图 3-24　钎焊接头的断口形貌
（a）0；（b）1%；（c）3%

而经过热处理后，通过激光扫描显微镜测试了断口的宏观信息，如图 3-25 所示。结果显示，接头的断裂面呈现波浪形状的连接，这能够提高接头的强度。使用场发射扫描电镜和能谱仪分析了钎焊接头断裂的微观形貌和元素成分，如图 3-26 和表 3-7 所示。图 3-26（a）~（c）显示了在不同热处理温度时，拉伸试验的试样断裂形貌。断裂面的主要特征是沿晶断裂、韧性韧窝和解理面。从图3-26（a）显示的拉伸试样断裂形态可以发现，在断裂面发现了完整的细小晶粒，显示了典型的沿晶断裂，该断裂形式被归类为脆性断裂中的晶间断裂。通过图3-26（b）和（c）发现，在600 ℃和700 ℃时出现了相似的断裂表面形态，主要发生韧-脆混合断裂，并且与解理面相比，两种温度的韧窝比例更高[85]。当温度超过700 ℃时，断裂面主要由微空隙凝聚产生的延展性韧窝组成，解理面的比例较少，与600 ℃的断口形貌相比，韧窝数量和大小都有所增加。可以得出，随着焊后热处理温度的升高，断裂模式从脆性变为韧-脆混合断裂，这与拉伸试验的结果保持一致。

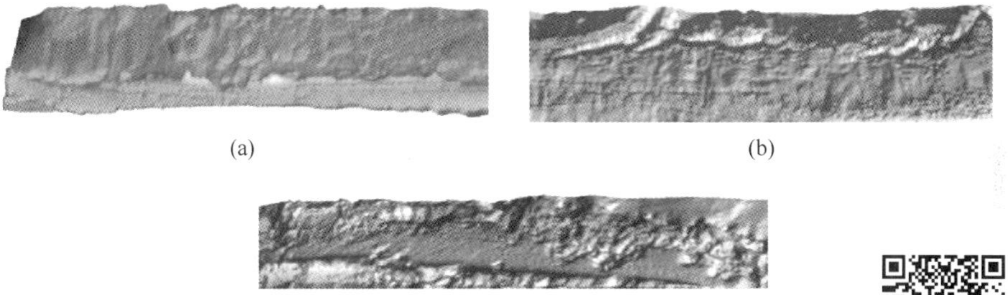

(a)　(b)　(c)

图3-25　在不同焊后热处理工艺下接头断口的三维形貌

（a）室温；（b）400 ℃；（c）700 ℃

彩图

通过能谱分析了图3-26所示的断口成分，结果显示在表3-7。可以得出，在没有热处理时，断口中的完整晶粒是富Cu相，富Ag相分散在富Cu相周围。在600 ℃时，韧窝的主要成分主要是富Ag相，周围会出现少量Fe基体。通过图3-27和图3-28的面扫描结果可以得出，在未经过热处理的情况下，完整的晶粒主要由Cu、Zn元素分布在上面，Ag、Sn元素分布在富Cu相晶粒的周围；在600 ℃的热处理条件下，Ag、Sn元素的分布更加明显。

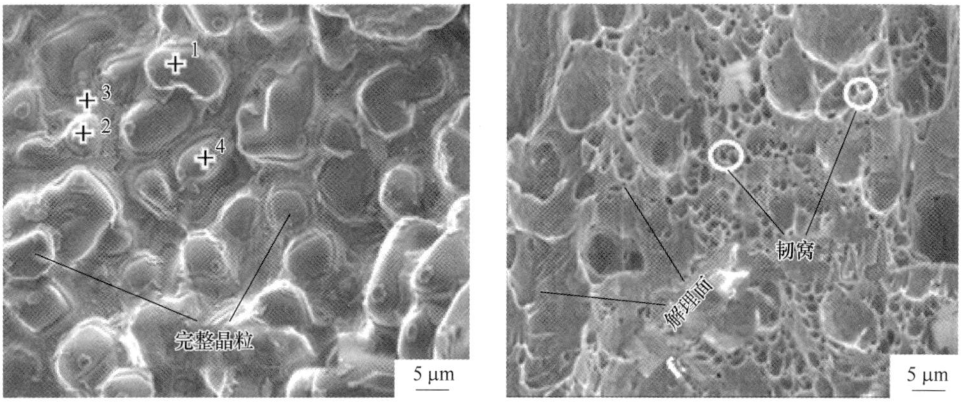

(a)　(b)

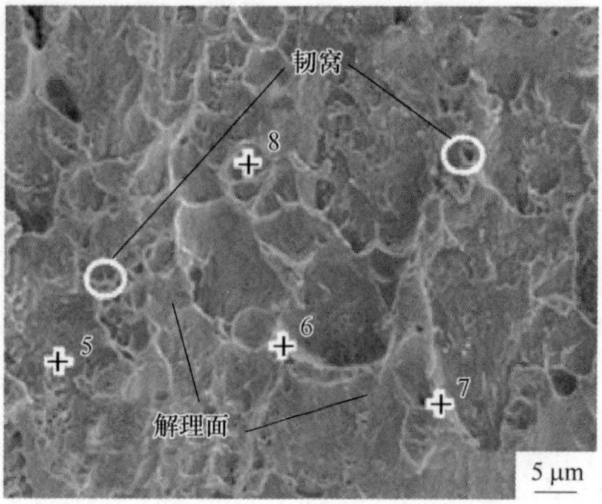

(c)

图 3-26　钎焊接头断裂的微观形貌

(a) 室温；(b) 600 ℃；(c) 700 ℃

表 3-7　图 3-26 中钎焊接头断口的点扫描结果（原子数分数）　　（%）

点	银	铜	锌	锡	铁
1	7.59	67.11	21.93	0.00	3.37
2	16.18	52.69	25.79	0.00	5.34
3	68.76	10.52	13.47	1.14	6.11
4	39.52	31.25	20.01	0.06	9.16
5	71.31	8.16	18.44	1.59	0.50
6	58.53	27.79	9.76	1.57	2.34
7	6.38	4.90	4.63	0.56	83.53
8	45.25	40.34	11.74	0.53	2.14

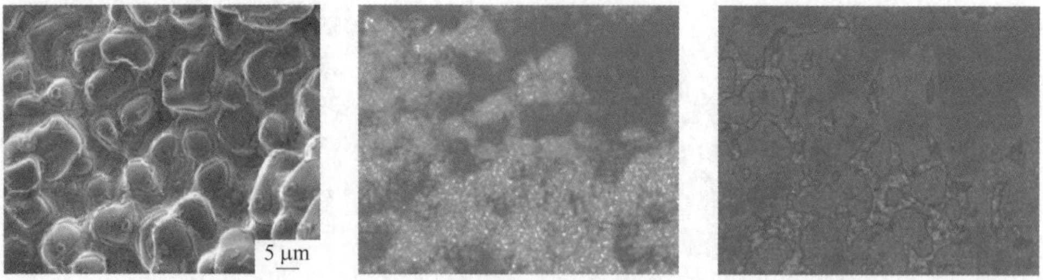

(a)　　(b)　　(c)

(d)　(e)　(f)

图 3-27　未进行热处理的钎焊接头断口的面扫描分布图

（a）钎焊接头的断口；（b）Fe 元素；（c）Ag 元素；

（d）Cu 元素；（e）Zn 元素（f）Sn 元素

彩图

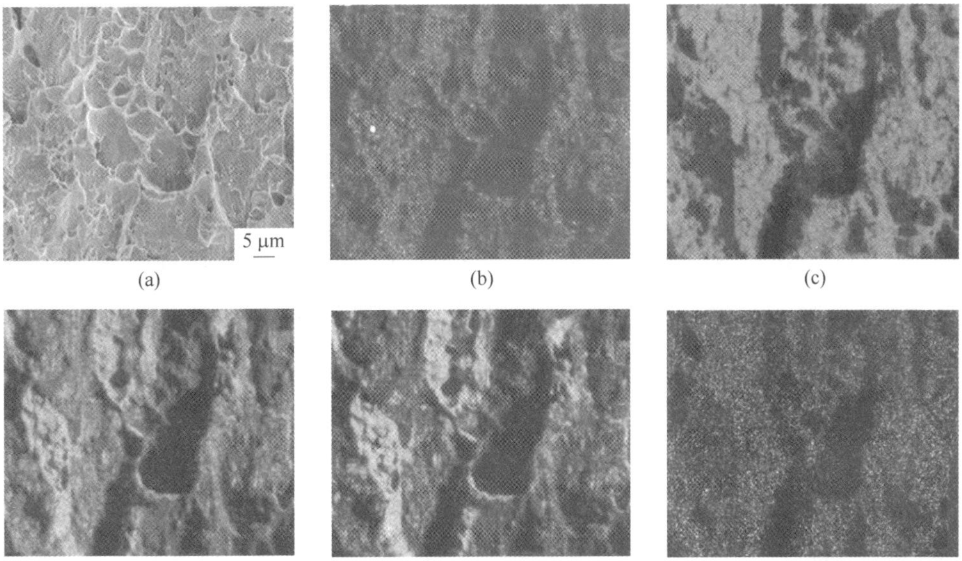

(a)　(b)　(c)

(d)　(e)　(f)

图 3-28　600 ℃热处理工艺的钎焊接头断口的面扫描分布图

（a）钎焊接头的断口；（b）Fe 元素；（c）Ag 元素；

（d）Cu 元素；（e）Zn 元素；（f）Sn 元素

彩图

3.4　铜/钢钎焊接头强化机制

钎焊接头中的强化方式主要包括固溶强化、细晶强化、加工硬化 3 种强化方式。在钎焊过程中钎缝本身会产生富 Ag 相和富 Cu 相，随着 B 元素的添加会进一步促进富 Ag 相和富 Cu 相中的固溶元素含量增加，进一步提高固溶强化作用。

在添加 B 粉后，B 元素会在富 Ag 相的晶界处聚集而产生晶界强化，进一步降低富 Ag 相和富 Cu 相的晶粒尺寸，从而使得接头强度增加。在拉伸过程中钎焊接头的应力和应变逐渐增加，细小的晶界和较多的晶界面积会阻碍位错的运动，钎缝中的位错密度不断增加，进一步提高了钎焊接头的强度。钎缝中的富 Ag 相和富 Cu 相的分布更加分散，使得接头强度进一步增加。

利用透射电镜对 15%应变量下不同 B 含量的 Ag/Cu 界面的微观组织进行表征，如图 3-29 所示。从图 3-29 可知，在晶界阻碍下合金变形过程中产生了位错。其中，0 B 钎焊接头处两个相的晶面间距分别是 $d_{Ag}(111) = 0.234$ nm、$d_{Cu}(200) = 0.166$ nm，Ag(111)/Cu(200) 界面的晶格失配度是 17.0%，表明 $\omega_B = 0$ 钎焊接头处 Ag(111)/Cu(200) 界面为半共格界面。另外，$\omega_B = 2\%$ 钎焊接头处两个相的晶面间距分别是 $d_{Ag}(111) = 0.232$ nm、$d_{Cu}(220) = 0.177$ nm，且 Ag(111)/Cu(220) 界面的晶格失配度是 13.4%，说明 2% B 钎焊接头处 Ag(111)/Cu(220) 界面也是半共格界面。为了进一步观察拉伸后钎缝中位错的产生，对两种成分的钎缝组织的高分辨透射图片进行傅里叶和反傅里叶变换，最终得到了 3 个不同区域的晶格条纹。研究分析表明，在未添加 B 元素时，富 Ag 相和富 Cu 相均没有发现位错的存在，仅在 Ag/Cu 晶界处发现了少量的位错；当 B 元素的含量（质量分数）达到 2%时，Ag 基固溶体中发现了少量位错的存在，而 Ag/Cu 晶界处的位错明显增加。由于晶界处位错对晶体中位错影响显著，导致形成新的割阶与弹性应变能，能够显著改善钎焊接头的力学性能[86]。

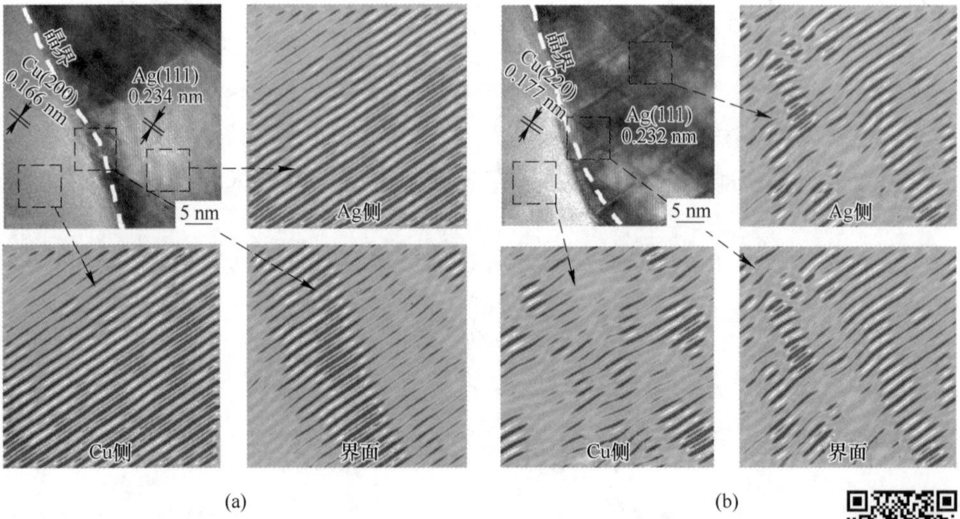

图 3-29　在 15%应变量下不同 B 含量下 Ag/Cu 界面的微观表征

（a）0；（b）2%

彩图

当富 Ag 相和富 Cu 相的尺寸较小时，B 元素的添加导致钎焊缝内的富 Ag 相和富 Cu 相中有更多数量的晶界。B 元素在富 Ag 相晶界处富集。由于晶界的不规则原子排列，杂质和缺陷的富集阻碍了位错的运动。B 元素导致富 Ag 相和富 Cu 相中位错密度的增加。不同类型的位错在晶界相遇，导致更明显的割阶和缠结效应。此外，富含 B 的区域也阻碍了需要穿过富含 B 区域的位错运动。因此，对于含 B 的银基钎料，钎焊接头在拉伸变形过程中的变形抗力增强，这可以进一步提高钎焊接头的强度。

4　铜/铝异质金属钎焊

4.1　铜/铝钎焊接头微观组织调控

4.1.1　铝硅基钎料成分调控

Al-Si 基钎料具有良好的润湿性、流动性，其钎焊接头的抗腐蚀性和可加工性，是铝/铝、铜/铝钎焊时常用的钎料。由于其熔点较高，在钎焊熔点较低的铝合金时易出现母材溶蚀及晶粒长大等现象。为此，需要在保证钎料性能的前提下，通过添加其他元素，以降低钎料熔化温度，改善钎料脆性，提高钎料的铺展润湿性和接头强度[87]。

(1) 降低钎料熔点元素（Cu[88]、Zn[89-91]、Mg[89-91]、Ge[92-93]等）。

在 Al-Si 钎料中加入适量 Cu，Cu 与 Al 可形成熔点只有 548 ℃的低熔点共晶，同时因 Al-Si-Cu 三元共晶的温度很低，可达到 525 ℃，由于 Cu、Si 的共同作用，钎料的铺展性能有所提高，钎料的熔化温度也显著降低；添加 Zn 元素，钎料的润湿性和流动性均有加强，且随着 Zn 的浓度增加，Si 的溶解度迅速下降，有助于降低钎料的液相线温度；少量 Mg 的添加不仅降低了钎料的熔化温度，而且钎料组织中生成了细小 Mg_2Si 金属间化合物；Ge 的添加可以有效降低钎料熔点但过量的 Ge 会导致钎料合金中 Al_2Cu 金属间化合物大量聚集，Si-Ge 先析出相的尺寸增大，从而导致钎焊接头强度较低；对钎焊接头断口进行观察可知，断口存在大量的 Si-Ge 先析出相及 Al_2Cu 脆性相。

Ni、Ge、Zn、Mg 的添加虽然降低了 Al-Si-Cu 钎料合金的熔化温度，提高了钎焊接头的强度，然而钎料中依然存在粗大的脆性金属间化合物，合金很难被加工成箔或片状。

(2) 强化合金元素（Mn、Ti[94]等）。

Mn 可以阻止铝合金的再结晶过程，提高再结晶温度，并能显著细化再结晶晶粒；用 Cu 降低熔点的同时加入少量 Ni，以使钎料保持良好的力学性能和抗腐蚀性能[95]。添加微量的 Sr，长针状的共晶 Si 可以转变为细小的纤维状，钎焊接头强度也显著提升[96]。

(3) 变质合金元素（Sm、Re、Ce[97]等）。

加入 Re 元素，可以使钎料晶粒细化，减少杂质元素的偏聚，改善钎料的强韧性。添加 Sm 对钎料熔化温度无显著影响，随着 Sm 含量的增加，钎料显微组织细化，特别是针状共晶 Si 的长度逐渐减小，钎料合金的硬度也随之增加[98]。加入少量的 Ce（质量分数不大于 3.0%）使 Al-Si 钎料熔化温度区间变窄，提高了钎料合金的铺展润湿性，但当钎料中 Ce 含量超过 3.0%（质量分数）时，钎缝组织中针状富 Ce 脆性化合物相明显增多，影响接头强度。Er 元素作为活性元素能细化晶粒，显著降低母材表面张力，增加钎料铺展面积，提高钎焊接头强度。

综合以上分析，铝及铝合金钎焊用硬钎料的发展方向主要集中在以下几个方面：(1) 从多元化角度设计合金成分，可以考虑采用 4 种甚至 4 种以上的元素组成多元钎料，发挥各元素的作用，在降低钎料熔化温度的同时，保证钎料具有一定的塑性；(2) 通过在金属及其合金中加入微量元素，使其起变质作用，从而改变合金的组织和性能，这是提高合金性能的一种简单而行之有效的方法，通过添加变质剂使合金的组织得到改善，脆化作用减小，显著地提高合金塑性、强度等力学性能。但变质剂的加入量需要控制，以避免合金性能下降。

4.1.2 铝硅基钎料成型方法

传统钎料主要采用熔炼-铸造-塑性成型（挤压、拉拔、热处理）的加工工艺制备成丝、条、片、带、箔等用于钎焊，但脆性钎料或高强韧钎料采用传统方法加工较为困难；为此，将钎料合金制备成粉状直接使用，或几种粉末混合用于钎焊，但粉末钎料性能提升受限。目前用于合成脆性钎料或高强韧钎料的方法有机械合金化技术、快速凝固技术和无缝药芯钎料制备技术等[99]。

4.1.2.1 机械合金化

机械合金化（mechanical alloying，MA）是指利用机械能的作用使合金组元在常温非平衡状态下实现固态相变的材料制备方法[9,100-101]，也是一种在热力学上高度非平衡的直接合金化方法，可以人为地获得热力学驱动力和金属间相互扩散的通道，克服正的混合热的影响，满足非平衡态下的热力学条件，促使组元间发生一系列的固态相变。另外，机械合金化作为一种固态粉末冶金方法，通过使粉末经受交替的焊合破碎过程，能有效避免合金组元在熔铸状态下的重力偏析，而且能使各组元的原子充分结合，从而获得均质弥散的难互溶合金。同时，机械合金化还能够突破合金相图极限，提高溶质在基体中的固溶度，可制备出过饱和固溶体材料。实现机械合金化的方式有高能球磨、高压扭转、等通道挤压、累积叠轧等。其中，制备钎料的常用高能球磨法，将金属或合金粉末按预设比例混合后，在高能球磨机中进行机械球磨，经过磨球的碰撞、挤压，使粉末反复发生焊合-断裂-焊合过程，元素之间发生固相反应和扩散，形成合金化粉末。

4.1.2.2　快速凝固技术

快速凝固技术是指在较大的冷却速度或过冷条件下，金属液以极快的冷却速度冷却，形成普通凝固条件下无法获取的成分、组织及性能。快速凝固技术又分为大过冷凝固技术和急冷凝固技术。大过冷凝固技术是指液态钎料在尽量满足均匀形核的条件下凝固，以获得较大的过冷度和较高的凝固速度。急冷凝固技术是通过提高液态钎料的凝固冷却速度，以获得高的过冷度和凝固速度。快速凝固工艺主要有液态急冷法（单辊法、双辊法制备带材）、雾化法（粉末材料）和束流表层急冷法等。与传统凝固工艺过程相比，快速凝固技术有以下优点：（1）快速凝固能够扩展合金中溶质原子的固溶度极限，形成过饱和固溶体及非晶等；（2）快速凝固技术获得的钎料合金具有成分均匀偏析小、钎料润湿铺展性好、组织细化、接头强度高等优点。

4.1.2.3　无缝药芯钎料制备技术

为解决高性能钎料难加工、钎缝成分难柔性调控等问题，龙伟民研究员团队创新性设计出外层为钎料合金，内层为钎剂的药芯结构钎料，实现了钎料与钎剂的定比、定量复合。另外，在药芯钎料内部复合添加金属粉，在钎焊时，内外合金发生微区冶金，原位反应合成新的钎料，为钎焊自动化提供新途径。无缝药芯钎料的柔性制造具体过程如下。

A　钎料的变速挤压技术

药芯铝硅钎料铸锭在挤压过程中依次经历挤压初始阶段、平流挤压阶段和挤压终了阶段。起始阶段和终了阶段钎料的流变易发生紊乱，钎剂的填充系数波动大，在这两个阶段需要降低挤压速率以避免影响药芯铝硅钎料质量，平流挤压阶段钎料的流变比较稳定，钎剂填充系数的波动较小，可以在较高速率下进行挤压。因三个阶段都占有相当大的比例，如采用恒定的挤压速率，将难以同时保证挤压质量和效率。

为了解决上述问题，本节研究了变速挤压技术，具体实施方案是在挤压过程中动态调整挤压速率。开始阶段选择较低的挤压速率，进入平流阶段后逐渐提高速率，并最终稳定在一定的速率，终了阶段之前缓慢降低挤压速率。变速挤压技术通过相对简单的参数调整，可以在不影响药芯铝硅钎料质量的前提下，显著提高生产效率，该技术可应用到多种丝线材的挤压生产。

B　钎料的辊模拉拔技术

药芯铝硅钎料在拉拔减径过程中的变形分为两部分：一部分是金属的塑性变形；另一部分是内部钎剂粉末的流动和体积压缩。金属的塑性变形能力决定了拉拔能否连续进行，钎剂的流变行为决定其填充系数及体积压缩程度。钎剂流动不连续，分布不均匀，出现断粉现象会影响药芯铝硅钎料的使用和焊接过程的稳定。

传统的丝线材冷加工方式是固定模拉拔，原料经压尖后穿过带有锥孔的拉丝模拉拔减径而成。金属与模具间因滑动摩擦会产生较大的摩擦热，限制拉拔速度，能耗大，道次变形量和总变形量小。辊模拉拔是介于固定模拉拔和轧制之间的一种复合变形方式，辊子是被动的，由穿过孔型的丝线材带动辊子旋转辊锻金属变形，金属与模具间是较小的滚动摩擦，拉拔力小，适于拉拔药芯铝钎料、铝锌等铝钎料，可实现高速拉拔，道次变形量和总变形量大。

辊模拉拔与固定模拉拔药芯钎料粉末流动方式不同，其根本原因在于二者变形方式的差异。辊模拉拔是开口孔型，变形使药芯钎料断面有非受力区域存在。图 4-1 中 *AB*、*A′B′*的金属为自由流动部分，受接触变形区的影响，金属将沿孔宽方向产生宽展变形。固定模拉拔则不同，其模孔是一个封闭的孔腔，所有外层金属均与模壁接触，在模腔内不存在自由边界。药粉流动是药粉与金属内表面接触摩擦引起的，金属变形流动带动粉末流动。孔型中变形特点决定了辊模拉拔与固定模拉拔药芯钎料粉末流动的差异。

固定模拉拔时，药粉的流动是从粉末与金属内表面接触边界开始，向中心方向及拉拔方向流动，逐层带动运动。变形结果是外部先被压实，从芯部到接触边界，压实程度逐渐增加（见图 4-2）。辊模拉拔时，药粉流动情况如图 4-3 所示。在接触变形区，粉末流动情况基本与固定模相同；在自由边界区，由于金属自由宽展原因，粉末颗粒流向变形区出口的同时，还沿孔宽方向横向流动，使得芯部范围药粉压实程度的差异比固定模拉拔时更小，即粉末的均匀性更好。固定模拉拔时，易使芯部药粉致密化，成为一个实心体，造成金属仍能变形流动，但药粉流动困难，从而产生断粉拉缩现象。辊模拉拔时，采用二连式辊模，90°交叉变形，两道次药粉受力成 90°，双向交变变形，改善药粉流动的均匀性，使药粉易于流动，减少断粉拉空现象，提高了药芯填充系数的稳定性，解决了焊剂在药芯铝硅钎料中分布不均匀的问题。

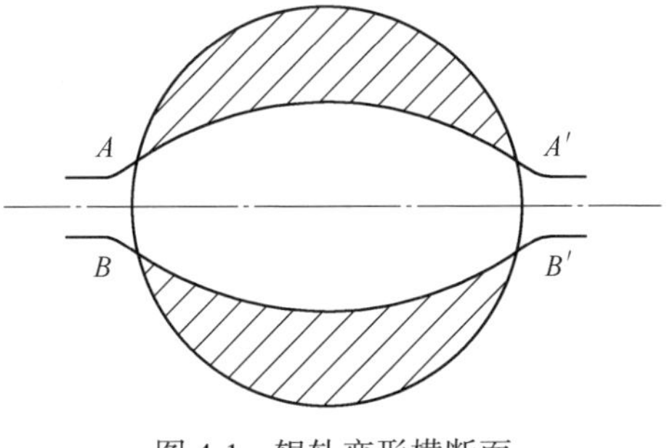

图 4-1 辊轧变形横断面

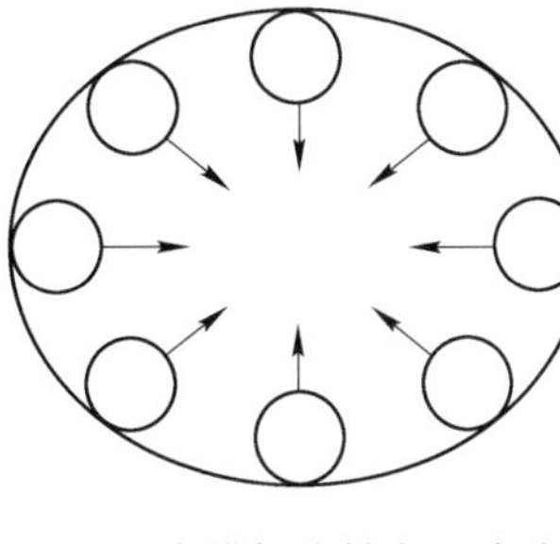
图 4-2 固定模拉拔粉末流动示意图

C 挤压丝的拉拔

挤压获得的钎料毛坯通过拉拔方式减径。粗拉拔在专用设备上采用辊模拉拔

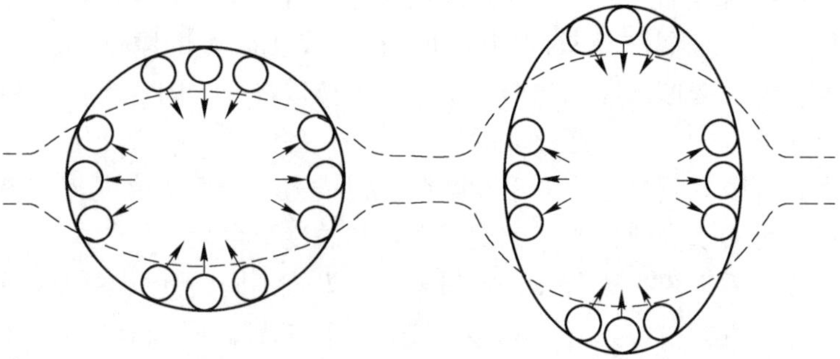

图 4-3　辊模拉拔粉末流动示意图

工艺，精拉拔在 LS-560 拉丝机上采用普通的固定模拉拔。道次间的中间退火在箱式炉中进行。拉拔到尺寸的钎料在专用校直切断机上校直切断，因钎料刚性差、相对强度低，校直方式采用了正交辊轮式校直。制备出的 BAl88Si 药芯钎料如图 4-4 所示。

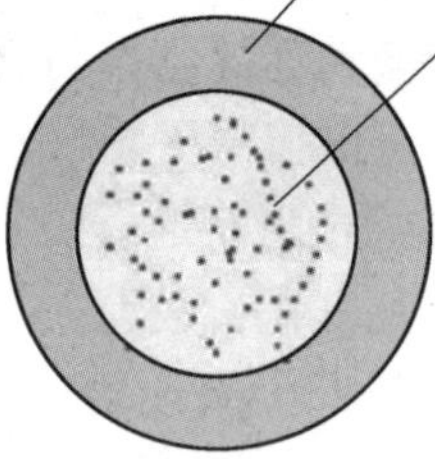

图 4-4　药芯钎料实物及示意图

4.1.2.4　复合钎焊材料

为了钎焊工艺过程得以方便进行，常常将母材、钎料和钎剂三者捉对儿组合在一起成为复合的钎焊材料。例如，将钎料粉末压覆在母材面上而成复合的铝钎焊板；将钎料和钎剂混合后压轧而成铝钎焊条；将钎剂包入铝钎料管中拉拔而成药芯铝针焊丝及将钎料粉和钎剂混合后用溶剂调成铝钎料膏等。这些复合材料多数已经形成商品出售。

A　铝钎焊板

常用的铝钎焊板是在铝母材的表面压覆一层 A-Si 钎料合金，有单面压覆也有双面压覆的钎料板。压覆板母材裁切加工装配成完整的构件以后，在表面喷涂一层钎剂（通常是 Nocolok 钎剂），干燥后即可入炉进行钎焊。钎焊时，表面的钎料熔化并被装配的缝隙毛细吸入而形成钎缝。钎焊板表面压覆的钎料层的厚度通常占板厚的 5%～15%。商品大体上分 5%、7.5%、10%和 15%几种规格。外层的钎料层普遍应用4343、4004、4045，甚至4047，这是一些 w_{Si} 为10%～12%及其他少量添加元素的AlSi合金。但芯母材则种类较多，除了表中的3003、6951以外，目前国内还有一些厂家将7072、1145及6060等也用作芯母材生产单面或双面的钎焊板，品种多样，有厂家自行的牌号，尚未能有全国统一的标准规格。

B 钎料-钎剂粉烧结的复合铝钎焊条（丝）

市场上的这种钎焊丝是用Al-Si共晶合金粉和Nocolok钎剂按一定比例混合后热挤压成形，然后拉拔成棒、丝或制成环、框等形状，用于铝器件的钎焊，不需分开施加钎料或钎剂。因为经过热压和拉拔处理，结构变得致密，这种焊丝实际上是一种烧结的结构，Al-Si钎料粉挤压烧结成骨架而钎剂粉末则充填在烧结结构的空隙之中。生产这种产品时，要求钎料的粒度适当，不能太细，否则烧结结构不完整并会夹杂过多的氧化物，使得钎焊的工艺变差，钎焊后钎剂的残渣增多。有一种国内生产销售的商品称作铝自钎料。

C 铝钎焊膏

铝钎焊膏是一种将钎料粉与钎剂的混合物用有机黏合剂与溶剂调制成的一种膏状物。在硬钎焊中通常使用Al-12Si的共晶钎料粉和Nocolok钎剂粉混合后调以有机载体制成膏。有机载体必须具有合适的黏度，同时在升高到需要的温度时能够蒸发掉或烧掉，不能炭化和尽量少地冒烟。因此，总是选用相对分子质量适当的含羟基的醇类，所谓适当的相对分子质量即让载体具有一定合适的黏性。醇类的羟基含氧，有助于烧去有机分子中的碳，分子中羟基的比例不能太少，否则加热时会炭化冒烟。含量也不能太多（例如多元醇），否则加热时在空气中容易冒蓝火苗燃烧，干扰钎焊的过程。

4.1.3 铝硅基钎料/铜界面微观形貌

4.1.3.1 实芯钎料/铜界面微观形貌

图4-5为实芯钎料/铜界面微观形貌及其界面区域线扫描图，对图4-5（b）中各点进行EDS分析，结果见表4-1。可以看出，钎料/铜界面大致可以分为3个区域，即钎料区、界面区和母材区。钎料区主要由黑色蠕虫状和颗粒状的Si相、白色条带状的CuAl及灰色的（α-Al + $CuAl_2$）共晶相[102-104]组成。界面区形成了4层IMCs，对其进行EDS分析可推测从母材到钎料界面区的物相组成依次为 Cu_9Al_4、Cu_3Al_2、Cu_4Al_3 和CuAl，靠近钎料区域的CuAl呈现出不规则的柱状生长。根据线扫描分析可知，钎料中的Al元素与母材中的Cu元素发生了相互扩散，从界面处Cu元素的含量可发现明显的平台现象，说明在该区域其形成了稳定的金属间化合物层[105]。

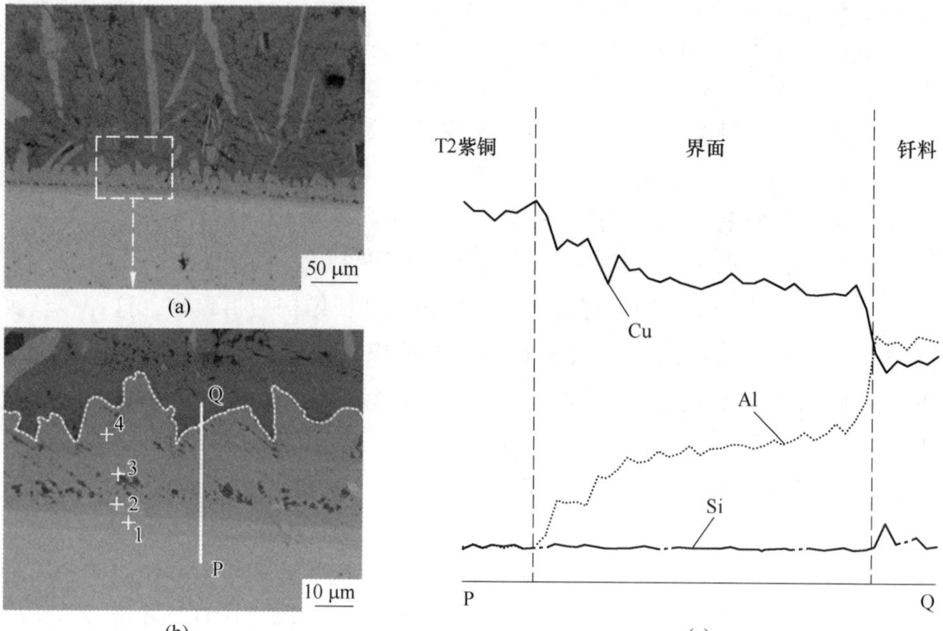

图 4-5　实芯钎料/铜界面微观形貌及其界面区域线扫描图
（a）低倍下界面微观形貌；（b）高倍下界面微观形貌；（c）界面区域扫描图

表 4-1　图 4-5 中不同位置的 EDS 分析结果（原子分数）　　（%）

标记点	成　分			可能相
	Cu	Al	Si	
1	77.76	21.67	0.58	Cu_9Al_4+ 铜基固溶体
2	62.30	37.56	0.14	Cu_3Al_2
3	57.79	41.74	0.47	Cu_4Al_3
4	54.17	45.58	0.24	CuAl

4.1.3.2　药芯钎料/铜界面微观形貌

图 4-6 为不同温度下保温 10 min 界面的 SEM 图，即在 590 ℃、600 ℃、610 ℃和 620 ℃下保温 10 min 的界面 SEM 图。从图 4-6（a）中不同点的 EDS 分析结果可以看出，各界面均存在多层 IMCs。其中，靠近 Cu 侧的两层 IMCs 厚度较薄，并且随着温度的升高其厚度未发生明显变化；靠近钎料侧的 IMCs 厚度较厚，与钎料直接接触的 IMCs 边界呈现出明显的波浪形。对其界面 IMCs 进行 EDS 分析（见表 4-2）可知，加热温度 590 ℃、保温 10 min 时，钎料/铜界面物相组成为 Cu_9Al_4+Cu 基固溶体、Cu_3Al_2、Cu_4Al_3 和 CuAl，总厚度为 35.39 μm；随着加热

温度的升高，界面处的金属间化合物种类未发生变化，钎料区域微观组织略有不同。对于 590 ℃、保温 10 min 的润湿试样，在钎料区域存在白色条状的 CuAl、灰色的（α-Al + $CuAl_2$）共晶相和黑色弥散分布的较小的 Si 颗粒相；随着温度的升高，白色连续条状的 CuAl 逐渐生长为白色断续生长的 CuAl，弥散分布的 Si 颗粒相减少，聚集形成较大的黑色块状 Si 颗粒相，且温度越高，块状 Si 颗粒相数量越多。温度越高，基体与钎料的扩散过程加快，在相同时间内 Cu、Al 两元素的扩散程度增加，界面区的 IMCs 变厚，变厚的 IMCs 层阻碍了 Cu、Al 元素进一步扩散，导致界面反应更加复杂[106]。

图 4-7 所示为 600 ℃下不同保温时间润湿试样的截面微观形貌。可以看出，保温 5 min 时，钎料区域由灰色相和呈网状分布的黑色相组成，界面扩散层较薄，仅有 3.94 μm；保温时间从 5 min 增加到 20 min，界面微观组织发生了显著变化，钎料区域内出现了条状白色相，黑色相部分由网状长大成块状，部分呈蠕虫状；保温 10 min 时，界面出现 4 层 IMCs，并且 IMCs 层的总厚度达到 27.06 μm；保温 15 min、20 min 时，界面处 IMCs 层数不再发生变化，但 IMCs 层总厚度继续增加，分别在达到 39.82 μm、55.62 μm，且在保温时间 20 min 时，在界面区域和钎料区域均出现裂纹。

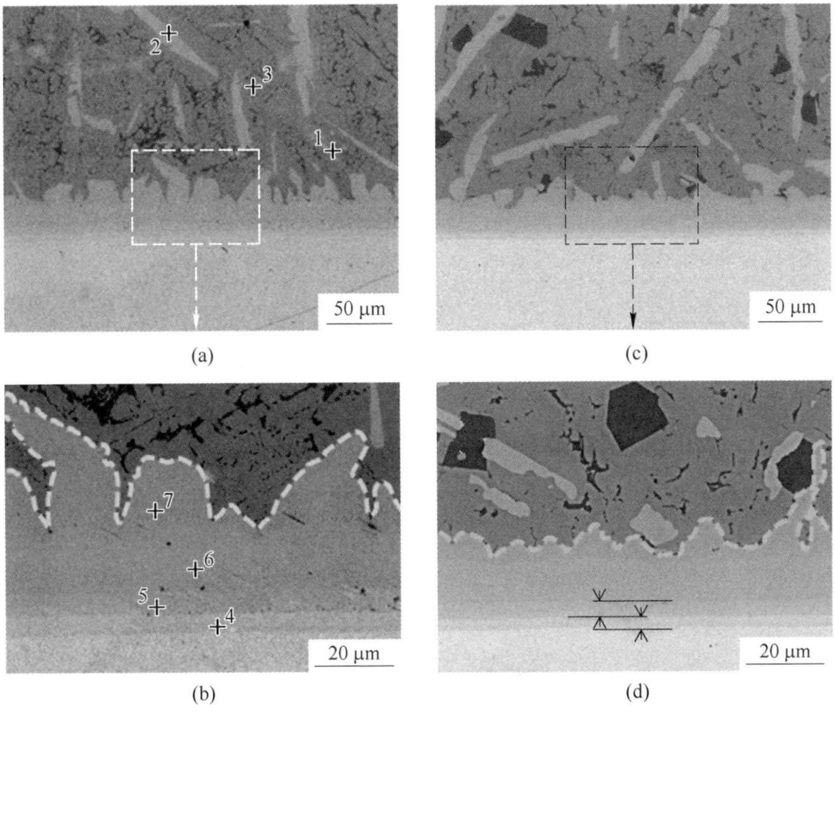

(a)　(c)
(b)　(d)

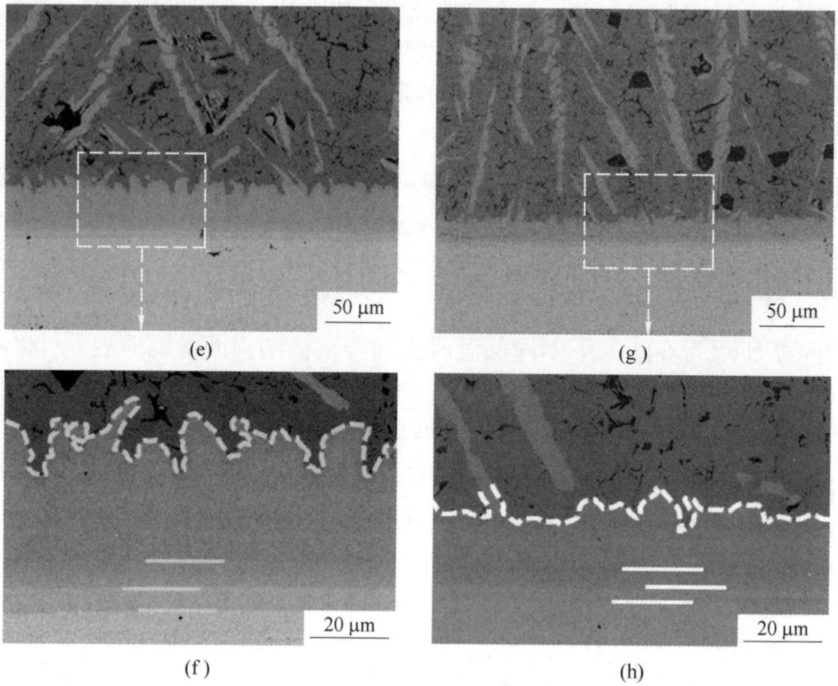

图 4-6　不同温度下保温 10 min 界面的 SEM 图
(a)(b) 590 ℃;(c)(d) 600 ℃;(e)(f) 610 ℃;(g)(h) 620 ℃

表 4-2　图 4-6 中不同位置的 EDS 分析结果(原子数分数)　　(%)

标记点	成分			可能相
	Cu	Al	Si	
1	33.57	64.99	1.44	α-Al/$CuAl_2$(α + θ) 共晶
2	33.62	65.28	1.11	CuAl
3	2.66	6.73	90.61	Si
4	76.68	22.29	1.04	Cu_9Al_4+Cu 基固溶体
5	63.94	35.65	0.41	Cu_3Al_2
6	56.97	42.54	0.48	Cu_4Al_3
7	53.10	46.68	0.22	CuAl

为了确定界面及钎料区域的具体成分，采用 EDS 对不同区域进行能谱分析。从图 4-7（g）线扫描结果可以看出，Cu、Al 两元素含量从 Cu 母材到钎料区域在界面处发生了连续的变化，到钎料区域后，Cu 元素含量骤降，Al 元素含量大幅度上升，Si 元素在界面区域和钎料区域均保持较低水平。表 4-3 为图 4-7 中各点的 EDS 分析结果。在 600 ℃、5 min 时，界面的 IMCs 为 Cu_9Al_4 和 Cu_4Al_3；随着

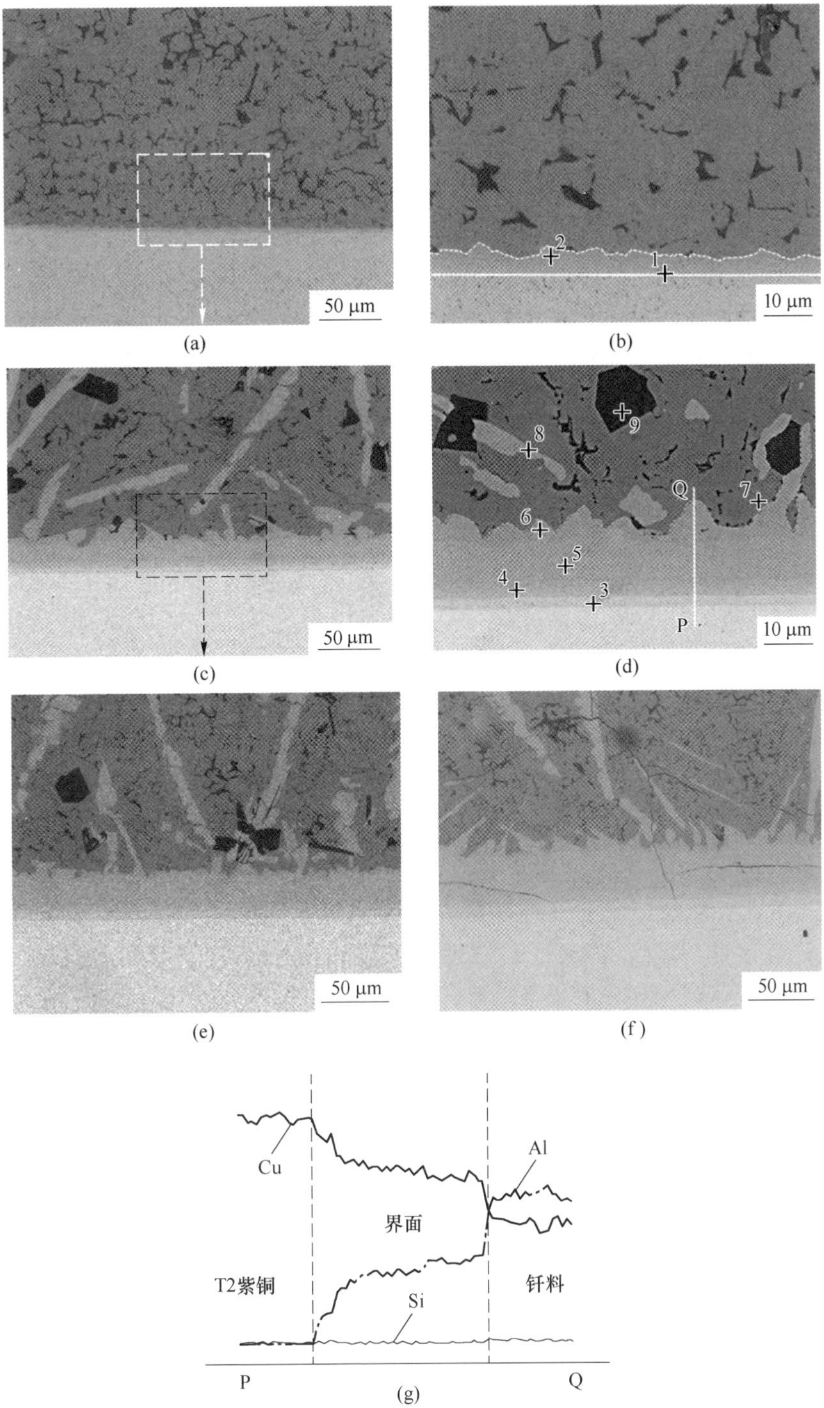

图 4-7 600 ℃下不同保温时间润湿试样的截面微观形貌

（a）（b）5 min；（c）（d）10 min；（e）15 min；（f）20 min；（g）沿（d）中标记的扫描线的元素分布

保温时间的延长，形成了 Cu_9Al_4、Cu_3Al_2、Cu_4Al_3 和 CuAl 4 层 IMCs，其中，Cu_4Al_3 和 CuAl 间未发现明显的界面。钎料区域主要存在 CuAl、（α-Al+$CuAl_2$）共晶和 Si 相。众所周知，当保温时间较短时，基体与钎料之间的原子扩散量低，溶解反应不充分，随着保温时间的延长，母材与钎料之间的相互扩散和相互作用增大，钎料与母材之间的反应充分，导致界面处的 IMCs 层变厚[107-110]。与图 4-5 相比，实芯钎料和药芯钎料界面的微观形貌及物相组成基本相同。

表 4-3　图 4-7 中不同位置的 EDS 分析结果（原子数分数）　　（%）

标记点	成　分			可　能　相
	Cu	Al	Si	
1	81.62	16.97	1.40	Cu_9Al_4+铜基固溶体
2	57.32	42.46	0.21	Cu_4Al_3
3	77.13	22.22	0.65	Cu_9Al_4+铜基固溶体
4	63.18	36.69	0.12	Cu_3Al_2
5	58.20	41.62	0.18	Cu_4Al_3
6	52.58	47.15	0.27	CuAl
7	33.32	65.31	1.37	α-Al+$CuAl_2$（α + θ）共晶
8	52.75	46.91	0.33	CuAl
9	1.78	4.13	94.09	Si

4.1.4　铝硅基钎料/铜界面处 IMCs 的生长动力学

IMCs 是铜/铝钎焊接头中不可避免的中间相，这些硬脆且高电阻率的 IMCs 会降低钎焊接头性能，影响接头性能的完整性和稳定性。在药芯钎料钎焊的铜/铝接头中，对于 IMCs 的界面微观组织及晶格失配度相关报道非常少。Cu、Al 异种金属焊接过程中，钎料与母材之间的界面结构及形貌特征决定了铜/铝结合强度及服役性能。焊接过程中钎料形成的 IMCs 种类繁多，且 Cu、Al 母材与 IMCs 之间的界面结构相对复杂，这增加了界面问题的复杂程度。同时，受现有测试分析手段所限，实验上确定界面原子排列方式较为困难，对界面结合性能及相应失效分析研究较为缺乏，限制了铜/铝复合材料的开发与应用。第一性原理计算方法可从原子尺度对界面结构进行建模，在一定程度上弥补了试验上界面研究工作的局限，是研究材料界面行为的重要手段。因此，本节对铜/铝接头微观组织、IMCs 的形貌、晶格失配度进行了相关分析，对钎焊接头的力学性能进行研究。采用第一性原理计算方法构建 Cu、Al、$CuAl_2$ 和 Cu_9Al_4 的晶体结构模型，并计算 4 种晶体的物理性能参数。构建基体与金属间化合物的界面结构模型，计算界面稳定性和电子结构，从理论的角度揭示界面结合强弱，并分析服役过程中的失效及断裂原因。

学者们研究发现，不同焊接工艺下，界面 IMCs 的厚度、种类不同，铜/铝接头界面 IMCs 会随焊后热处理发生变化。例如，铜/铝固相焊接头输电过程会因温度的变化促使铜/铝 IMCs 的形核、转变并长大，降低接头性能，导致接头断裂失效，降低铜/铝接头的服役寿命。因此，研究焊接过程和服役过程中 IMCs 的生长、相变及其对接头性能的影响对铜/铝异种金属连接至关重要[111]。

4.1.4.1 IMCs 的形成、生长及相变

对 IMCs 的形成、生长及相变的研究已经有很多。近年来，王学刚等人提出 IMCs 的形核生长取决于其热力学和动力学。Cu、Al 之间的相互扩散是 IMCs 形成的主要原因，利用相图和扩散规律可以预测 IMCs 的形成。由于钎料与 Al 基体和 Cu 基体之间存在适当的温度和较大界面浓度梯度，$CuAl_2$ 和 Cu_9Al_4 以相近的速度首先形成，CuAl 的生长速度最慢，最后形成。$CuAl_2$ 为四方结构，Cu_9Al_4 为立方结构，CuAl 为单斜结构。因三者的晶体结构不同，铜、铝元素的扩散速率差异很大，使 IMCs 的生长速度相差很大。

随着加热时间的延长，IMCs 不断生长。从动力学角度来看，扩散是影响 IMCs 形成与生长的关键因素，只有当铜、铝元素扩散达到一定浓度并具备热力学和动力学条件时，IMCs 才能形成并生长。依据相图和扩散预测铜/铝焊接时 IMCs 的形成和转变顺序，预测模型如图 4-8 所示。当铜/铝接头是由铜向铝扩散形成时，铜为溶质，铝为溶剂。相图中 Cu_9Al_4、Cu_3Al_2、Cu_4Al_3、CuAl 和 $CuAl_2$ 按铜浓度减小方向排列，如图 4-8（a）所示。此时，$CuAl_2$ 与 Al 的界面浓度梯度最大。根据反应扩散影响新相形成和长大的因素，两相界面浓度梯度越大，长得越快。也就是说 $CuAl_2$ 优先在铜铝接头中形成并长大。当铜铝接头是由铝向铜扩散形成时，铝为溶质，铜为溶剂。图 4-8（b）中 $CuAl_2$、CuAl、Cu_4Al_3、Cu_3Al_2 和 Cu_9Al_4 按铝浓度减小方向排列。此时，Cu_9Al_4 与 Cu 的界面浓度梯度最大。也就是说 Cu_9Al_4 优先在铜铝接头中形成并长大。考虑焊接过程中铜铝的互扩散过程，铜铝接头会优先形成 $CuAl_2$ 和 Cu_9Al_4。由于瞬间液相扩散焊时间很短，其他 IMCs 未有足够的动力学条件生长，因此，铜/铝接头中仅存在 $CuAl_2$ 和 Cu_9Al_4 两种 IMCs。瞬间液相扩散焊的焊接压力小，不影响铜铝的互扩散过程，接头中 $CuAl_2$ 和 Cu_9Al_4 生长比较均衡。

根据铜-铝二元相图，铜和铝在 560～640 ℃ 的焊接温度区间、350 ℃ 的热处理温度会形成 $CuAl_2$、CuAl、Cu_3Al_2、Cu_4Al_3、Cu_3Al 和 Cu_9Al_4 等 6 种 IMCs。相关研究表明：$CuAl_2$、Cu_9Al_4 和 CuAl 是扩散焊、超声焊、爆炸焊、搅拌摩擦焊和瞬间液相扩散焊的主要中间相。其中 $CuAl_2$ 为主导相，Cu_9Al_4 和 CuAl 在相同或不同的焊接方法中 IMCs 相的种类不一样，对同种焊接方法，不同热处理工艺会影响相的转变。

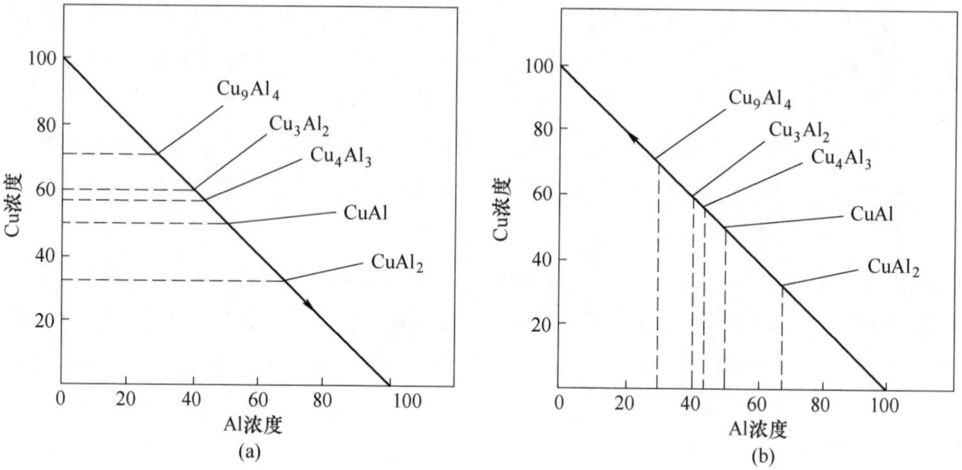

图 4-8　焊接过程中铜铝扩散形成的 IMCs

在不同热处理工艺下 IMCs 的相组成见表 4-4。由表 4-4 可知，与焊接接头的 IMCs 相比，热处理时接头 IMCs 的相种类更复杂，除 $CuAl_2$、CuAl、Cu_9Al_4 以外，还出现了 Cu_4Al_3、Cu_3Al_2、Cu_2Al 等相。热处理过程中 IMCs 形成和转变的驱动力来源于组织形变、贮存能和非均匀残余应力。通过相的转变分析，接头中实际物相的形成种类与热力学计算结果不一致，这可能由于 IMCs 的形成不只取决于热力学，也与动力学有关。

表 4-4　不同热处理工艺条件下 IMCs 的相组成

热处理工艺	热处理后界面 IMCs	焊接方法
350 ℃×24 h	Cu_9Al_4	超声波焊[112-113]
250 ℃×64 h	Cu_9Al_4、CuAl、$CuAl_2$	
150 ℃×1500 h	Cu_9Al_4、CuAl、$CuAl_2$	
300 ℃×20 h	$CuAl_2$	冷压焊[114-116]
400 ℃×62 h	Cu_9Al_4、Cu_4Al_3、CuAl、$CuAl_2$	
250 ℃×1000 h	Cu_9Al_4、Cu_4Al_3、CuAl、$CuAl_2$	
500 ℃×36 h	CuAl、$CuAl_2$	摩擦焊[117-120]
450 ℃×48 h	Cu_2Al、Cu_4Al_3、CuAl、$CuAl_2$	
470 ℃×576 h	Cu_2Al、Cu_3Al_2、Cu_4Al_3、CuAl、$CuAl_2$	

续表 4-4

热处理工艺	热处理后界面 IMCs	焊接方法
500 ℃×16 h	Cu_9Al_4、CuAl、$CuAl_2$	液相瞬间扩散焊[121]
500 ℃×256 h	CuAl、$CuAl_2$	
500 ℃×500 h	Cu_9Al_4、CuAl、$CuAl_2$	

此外，焊接过程中工艺参数对 IMCs 的形成及生长起重要作用，是控制 IMCs 相种类的一个重要因素。通过对不同焊接工艺参数下搅拌摩擦焊焊核区和界面区的 IMCs 研究发现：搅拌针转速和前进速度不同，搅拌摩擦焊接头焊核区 IMCs 有 $CuAl_2$、（$CuAl_2$、Cu_9Al_4）和（$CuAl_2$、Cu_9Al_4、CuAl）三种结构，界面区有（$CuAl_2$、Cu_9Al_4）和（$CuAl_2$、Cu_9Al_4、CuAl）两种层状结构。

综上所述，在铜/铝焊接及应用过程中，铜/铝接头中 IMCs 的形成和生长是不可避免的。焊接方法中的工艺参数、热处理工艺及服役环境等都对 IMCs 的形成、生长及相变起重要作用。从机理上，热力学和动力学分别对 IMCs 的成核、长大及相变起决定作用。

4.1.4.2 铜/铝接头性能与 IMCs 的关系

接头 IMCs 的形成、生长对铜/铝接头性能的利害关系目前尚存在争议。一般认为，IMCs 的生长会引起接头性能恶化，大量的试验表明低厚度的 IMCs 可提高接头性能，IMCs 的厚度存在一个临界值。当 IMCs 的厚度大于临界值时，接头强度急剧下降。众多研究结果表明，IMCs 临界厚度应该在 2~5 μm，且不同焊接方法 IMCs 层临界厚度值不同，搅拌摩擦焊最小（1.4 μm），爆炸焊最大（5 μm），摩擦焊、冷压焊和超声焊临界厚度基本一致。

近年来，王学刚研究了瞬间液相扩散焊、闪光焊两种焊接方法中接头抗拉强度与 IMCs 厚度的关系，如图 4-9 所示，随着 IMCs 厚度的增加，瞬间液相扩散焊和闪光焊接头的抗拉强度呈线性降低，与闪光对焊相比，瞬间液相扩散焊接头强度降低速较慢。通过拟合，两种焊接方法的接头抗拉强度与 IMCs 的厚度都符合式（4-1）所示的线性关系。

$$\sigma_b = k_0\omega + k_1 \tag{4-1}$$

式中，σ_b为抗拉强度，MPa；ω 代表为厚度，μm；k_0为常数，MPa/μm；k_1 为常数，MPa。可以看出，瞬间液相扩散焊的 $k_0=0.80$，闪光焊的 $k_0=0.98$，即闪光焊接头的强度受 IMCs 层的厚度影响大于瞬间液相扩散焊。

研究可知，铜/铝接头的硬度因 IMCs 的存在显著提高。Cu 侧与钎料之间的过渡区由 Cu_3Al_2 层和 $CuAl_2$ 层组成。因 IMCs 层较厚，电阻显著增加。也有研究者指出，当 IMCs 超过 2~5 μm 时，铜铝钎焊接头的连接电阻增大。综上所述，IMCs 的形成和生长对铜/铝接头的综合性能造成了明显的损伤。

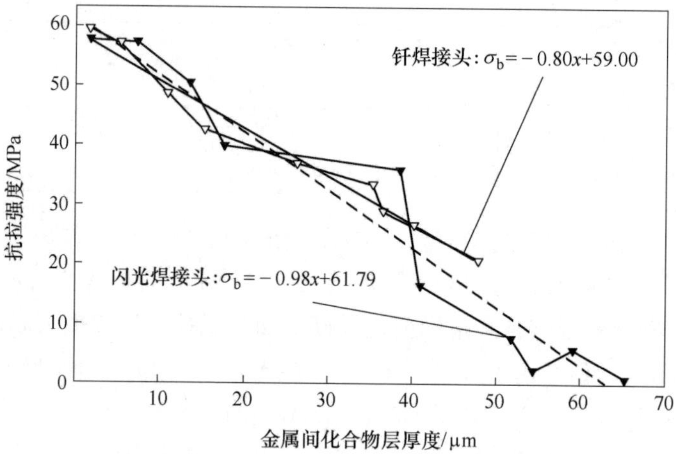

图 4-9　接头抗拉强度与金属间化合物层厚度关系

4.1.4.3　基于第一性原理的铜/铝接头界面结合能的分析与计算

近年来，随着理论研究的深入，多种理论方法广泛应用于材料计算学，主要包括第一性原理计算、有限元模拟和相图计算等方法。第一性原理是从微观粒子的本身性质出发，根据量子力学原理的具体要求，经过一些近似处理后直接求解薛定谔方程的一种算法。一般根据微观粒子的 5 个基本常数（m_0、e、h、c、k_B）就可以计算出体系基态的基本性质，相比于开展相关材料的试验，第一性原理计算可以极大地节省时间和成本。所以该方法在预测晶体结构、研究界面性质、分析缺陷等方面得到了广泛的应用。

通常研究者会采用理论与试验相结合的研究方法，二者互相验证、相辅相成。第一性原理计算方法能够得到弹性常数、体积模量、泊松比等有关力学性能的数据，进一步分析材料的微观力学性能。Hu 等人通过计算发现 Cu、Zn 和 Ag 元素均可以增强 $L1_2$ 的韧性。Fu 等人计算分析了过渡金属铝化物的解离能、剪切断裂能，并结合弹性各向异性理论，对过渡金属铝化物的断裂行为进行分析。

通过第一性原理可以计算晶体结构和体系的动力学、热力学及机械稳定性，确定其稳定存在的理想状态。通常认为晶体的形成能越低，说明其越稳定。基于此理论，通过计算晶体的形成能对其稳定性进行分析。基于第一性原理对铁的氮化物和碳化物晶体的形成能进行相关理论计算，包括 ε-Fe_3X_{1+x}、η-Fe_2X、ξ-Fe_2X、χ-Fe_5X_2、θ-Fe_3X 和 Fe_7X_3（X=N 或 C），结果表明：铁的氮化物中，ε-Fe3N_{1+x} 结构最不稳定，在铁的碳化物中，ε-Fe_3C_{1+x} 结构最为稳定。因此，第一性原理方法在铜、铝等异种材料钎焊中也必然会得到广泛的应用，可以通过计算对接头性能及断裂机理进行深入分析，并依据第一性原理计算的理论数据对实际试验方案进行改进，优化工艺参数，为新型钎料的研发及钎焊工艺设计提供理论支撑。

根据 Young 方程可判断润湿性的好坏，其表达式如下：

$$\cos\theta = \frac{\sigma_{sg} - \sigma_{sl}}{\sigma_{lg}} \tag{4-2}$$

式中，σ_{sg}、σ_{sl}和σ_{lg}分别代表固-气、固-液和液-气的表面自由能。由此可知，表面自由能发生改变，钎料对母材润湿性也将发生改变。因在润湿过程中在界面处形成 IMCs，界面情况发生改变，表面自由能发生变化，对钎料在母材上的润湿性产生影响，因此有必要对界面化合物的生长进行研究。从已有研究得知，液-固界面金属间化合物的生长归因于界面处 Cu、Al 原子的扩散，其扩散区的厚度和加热时间的关系可表达为：

$$\omega = k\sqrt{t} \tag{4-3}$$

式中，ω 为 IMCs 的厚度；k 为生长速率系数；t 代表加热时间。结合实际可知，真实的焊接过程保温时间较短，在该情况下，铜/铝焊接接头中仅发现 Cu_9Al_4 和 $CuAl_2$，未发现 Cu_3Al_2、Cu_4Al_3 和 CuAl，所以本节仅针对近 Cu 侧的 Cu_9Al_4 层及总金属间化合物层厚度进行测量与分析。表 4-5 整合了不同加热温度、不同保温时间下的 Cu_9Al_4 的厚度及扩散区总厚度，根据表格中的数据拟合曲线如图 4-10 所示。可以看出，金属间化合物的生长遵循抛物线规律，表明其生长受体扩散控制。

IMCs 的生长活化能可由 Arrhenius 方程计算，表达式为：

$$k = k_0 \exp\left(\frac{-Q}{RT}\right) \tag{4-4}$$

取对数：

$$\ln k = \ln k_0 + \left(\frac{-Q}{R}\right)\frac{1}{T} \tag{4-5}$$

式中，k_0为扩散常数；Q 为活化能；T 为热力学温度，K；R 为理想气体常数，$R=8.314$ J/(mol · K)。

表 4-5 钎料/铜界面扩散层厚度

扩散层	温度/K	厚度/μm			
		5 min	10 min	15 min	20 min
Cu_9Al_4 层	863	0.66	4.15	5.07	4.81
	873	0.69	4.06	5.48	7.34
	883	1.77	6.08	7.84	9.33
总扩散层	863	6.06	25.21	36.18	37.88
	873	3.94	27.06	39.82	55.62
	883	10.22	43.65	55.31	66.48

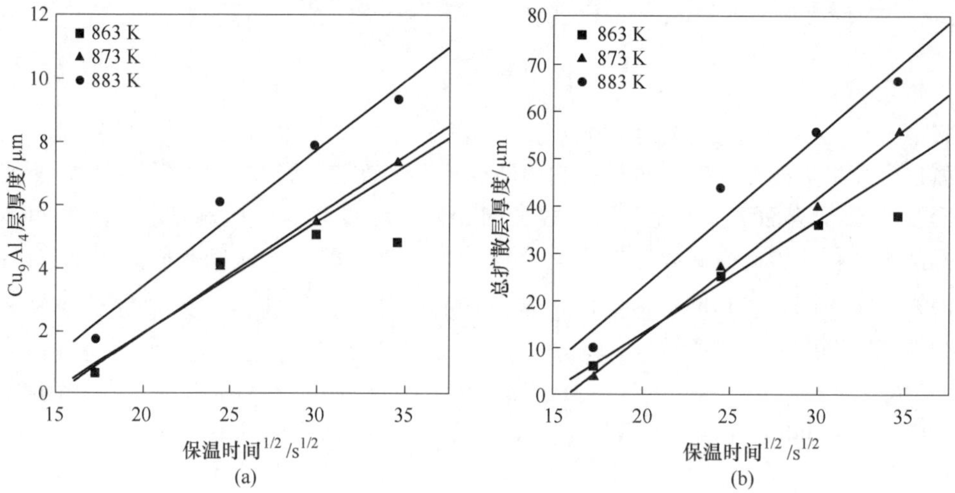

图 4-10　扩散区厚度与保温时间的关系

(a) Cu_9Al_4 层；(b) 总扩散层

由图 4-11 可以看出，ln$k$ 与温度倒数的关系，直线的斜率即为$-Q/R$ 的值。由此可计算出 Cu_9Al_4 和总扩散层的活化能分别为 125.33 kJ/mol 和 184.93 kJ/mol；另外还可计算得出它们的 k_0 值分别为 4.69×10^{-6}和 0.924。因此，Cu_9Al_4 和总扩散层的生长动力学模型可用以下两个方程描述：

$$W_{Cu_9Al_4} = 4.69\times10^{-6}\exp(-15074.81/T)t^{1/2}$$

$$W_{total} = 0.924\exp(-22242.64/T)t^{1/2}$$

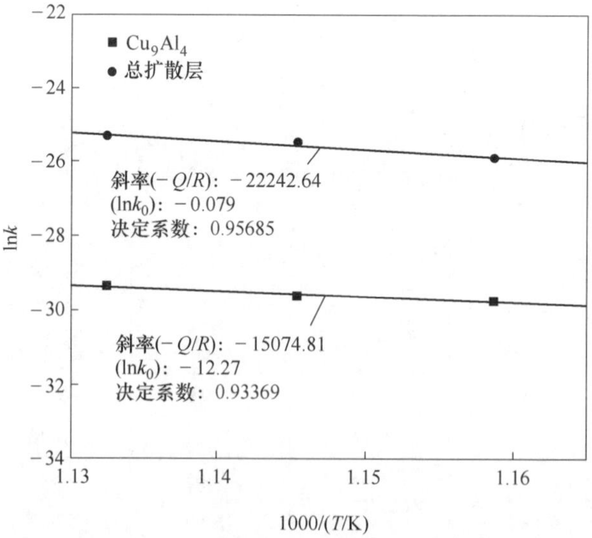

图 4-11　Cu_9Al_4 相和总 IMCs 的生长速率的 Arrhenius 图

综上所述，液态钎料与T2紫铜的液-固界面化合物的生长过程如图4-12所示。在润湿铺展过程中，钎料首先熔化，Cu原子和钎料中的Al原子相互扩散，在液-固界面处形成固溶体区域，如图4-12（a）所示。由图4-12（b）可知，随着扩散过程的进行，固溶体内的原子浓度增加，由于$CuAl_2$为四方结构，晶胞较小，填料因子较低，更容易在界面处形核和生长[122]，可认为$CuAl_2$首先在界面处形核生长；生成的$CuAl_2$金属间化合物对Cu、Al原子的扩散有一定的阻碍作用，导致$CuAl_2$/铜界面处Al原子浓度减少，在界面处发生Cu与$CuAl_2$的固相反应，生成Cu元素含量较少的CuAl。同样地，Cu_4Al_3和Cu_3Al_2分别在Cu与CuAl、Cu与Cu_4Al_3界面处形核生长，如图4-12（d）所示。

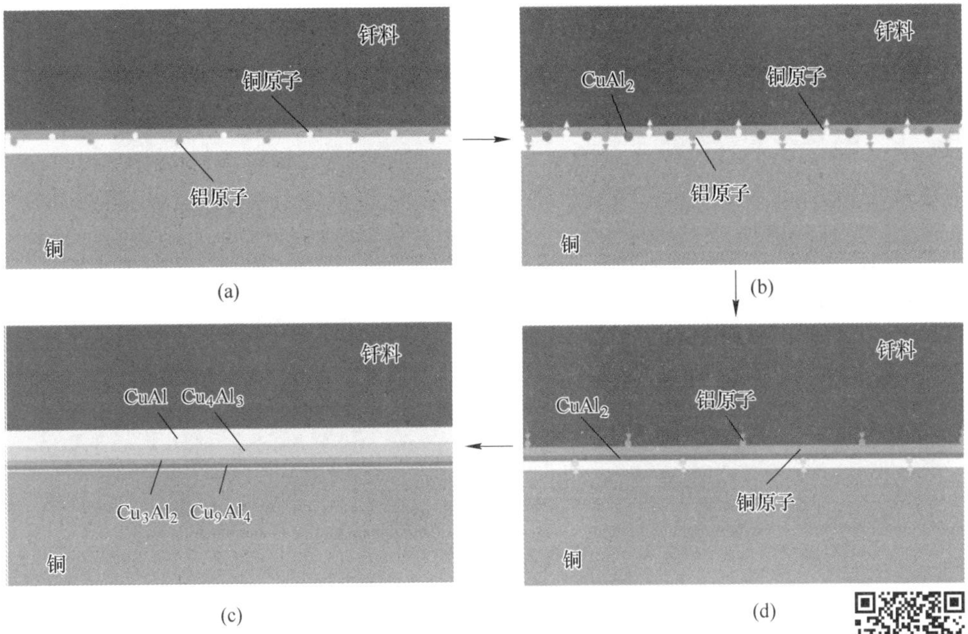

图4-12 IMCs在界面处生长过程示意图

（a）液-固界面；（b）$CuAl_2$形核；（c）连续$CuAl_2$层的形成；（d）扩散结果

彩图

4.1.5 铝硅基钎料钎焊铜/铝接头典型微观组织

本节分别评定了实芯钎料和药芯钎料在Cu、Al母材上的润湿性，对接头中元素扩散行为进行分析，并对药芯钎料/铜界面化合物进行分析。

4.1.5.1 铜/铝钎焊接头微观组织

图4-13为焊接接头显微组织金相照片。由图4-13（a）可以看出，Cu、Al母材与钎料熔合较好，未发现气孔、微裂纹等缺陷存在；Al侧熔合界面较为平直，不存在明显的熔渗扩散区，如图4-13（b）所示；Cu侧熔合界面相对于Al

侧存在着明显的熔渗扩散区，界面不平整呈弧状分布，且有明显向钎缝部位柱状生长的趋势，如图 4-13（c）所示；钎缝整体宽度在 800~900 μm，钎缝部位微观组织主要由发达的柱状晶和共晶组织组成，如图 4-13（d）所示。接头中的组织成分由扫描电镜、能谱分析和透射电镜选区电子衍射（SAED）确定。

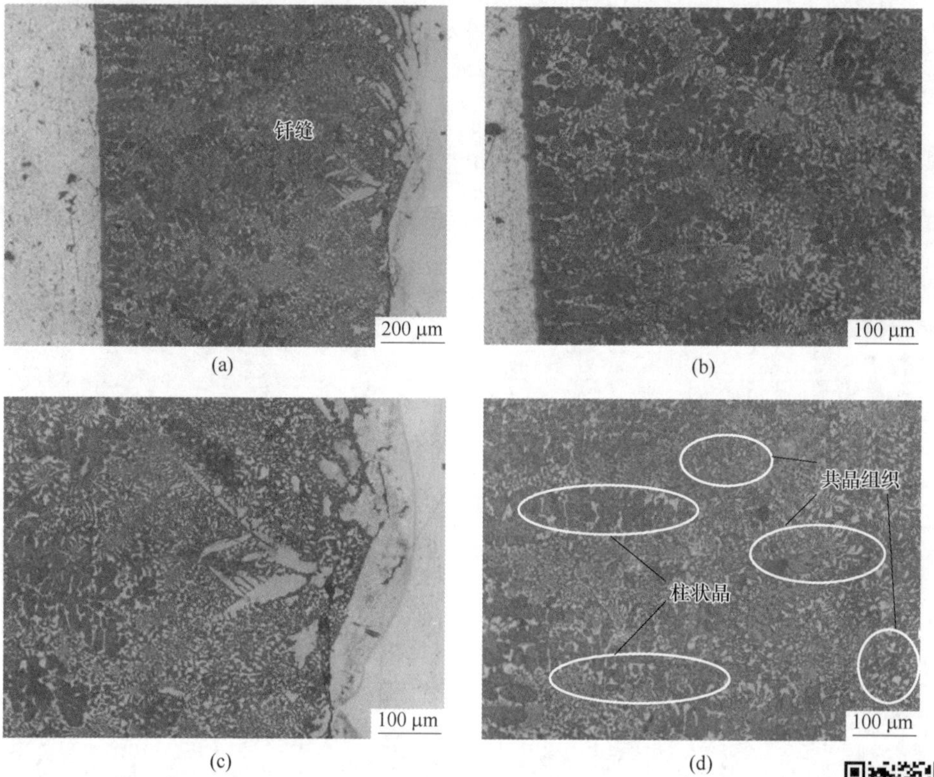

图 4-13　焊接接头显微组织金相照片
（a）接头；（b）铝侧；（c）铜侧；（d）钎缝

彩图

图 4-14 为铜/铝钎焊接头微观形貌 SEM 像。图 4-14（a）为低倍像，图中左侧为 Cu 母材，右侧为 Al 母材，中间为钎缝。图 4-14（b）~（d）为图 4-14（a）不同区域的放大像。从图 4-14（a）可知，钎料与母材实现了良好的冶金结合；在钎缝 Cu 侧界面形成了明显的金属过渡层，灰黑色晶体以椭圆状晶形式向钎缝内部生长，如图 4-14（b）所示；在钎缝 Al 侧界面，亮白色晶体则以树枝状垂直于钎缝向内生长，如图 4-14（d）所示；在钎缝中间部位则表现出与 Cu、Al 两侧明显不同的微观组织形貌，呈现出灰色骨骼状晶体（柱状晶）包围着团状黑色晶体（共晶）分布的形态，如图 4-14（c）所示。

图 4-14 中标出的 1~8 为 EDS 元素分析点，分析结果见表 4-6。从表 4-6 结果

可推测在图4-14（b）中近Cu侧界面形成的灰黑色椭圆晶体为$CuAl_2$，在图4-14（d）中的树枝状晶体经EDS分析推测也为$CuAl_2$，在图4-14（c）中的骨骼状晶体推测为$CuAl_2$与Al的共晶，灰黑色椭圆晶体为α-Al。

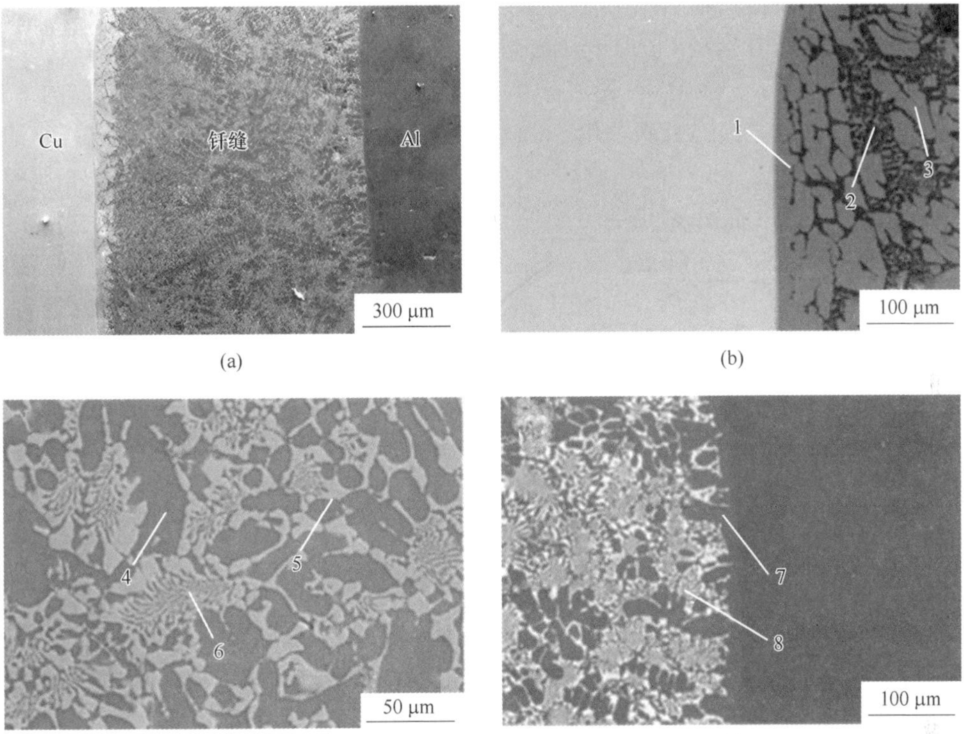

(a)　(b)　(c)　(d)

图4-14 铜/铝钎焊接头微观形貌SEM图像
（a）铜/铝接头；（b）Cu侧；（c）钎缝；（d）Al侧

表4-6 药芯钎料钎焊接头物相能谱（原子数分数）（%）

标记点	Al	Cu	Si
1	64.21	35.29	0.50
2	65.04	34.96	—
3	77.22	22.18	0.60
4	96.23	2.23	1.54
5	69.75	30.25	—
6	77.05	22.39	0.56
7	97.89	2.11	—
8	69.13	30.87	—

图 4-15 为 T2 紫铜与钎缝结合区的 TEM 图。图 4-15（a）为低倍 TEM 图，从图中可见紧邻 Cu 侧存在有尺寸在 12～35 nm 大小不等的晶粒；图 4-15（b）~（e）为图 4-15(a) 中不同微区的电子衍射花样。在近 Cu 侧钎缝界面 Cu 母材与钎缝之间存在两种反应产物[123]，经过图 4-15（c）（d）的 SAED 标定结果可知，两种金属间化合物分别是 $CuAl_2$ 与 Cu_9Al_4。靠近 Al 侧反应层由 $CuAl_2$ 层组成，如图 4-14（a）所示，$CuAl_2$ 首先成核，然后沿 Al 表面生长。高温钎料融掉的 Cu 母材表面，被推至液态钎料前沿，Cu 元素在液态钎料中相互扩散，形成连续的 $CuAl_2$ 层。图 4-15（b）为 $CuAl_2$ 与 Cu_9Al_4 界面的 IFFT 像，上侧为 $CuAl_2$ 金属间化合物，下侧为 Cu_9Al_4 金属间化合物。在对应 HRTEM 的 FFT（见图 4-15（e））中经过标定衍射斑点，标出了 Cu_9Al_4 的（660）和（100）两个晶面与 $CuAl_2$ 的（310）晶面，两个平面的晶面间距 $d_{CuAl_2(310)} = 1.919$ nm，$d_{Cu_9Al_4(660)} = 1.0256$ nm 和 $d_{Cu_9Al_4(100)} = 0.7944$ nm。

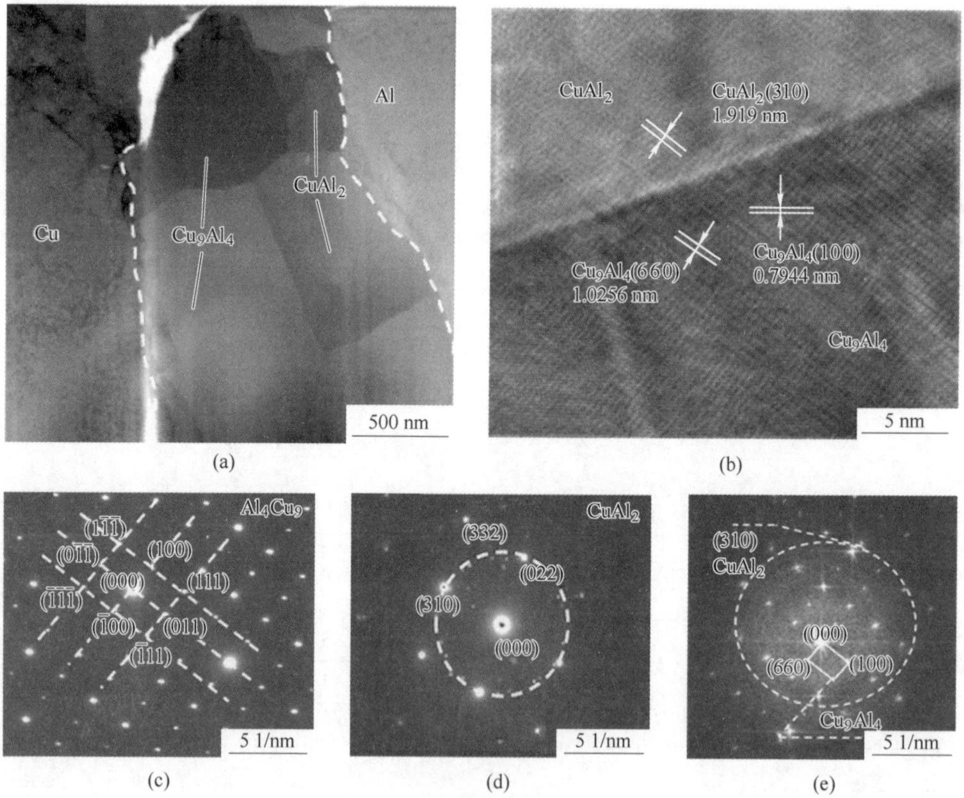

图 4-15　T2 紫铜与钎缝结合区的 TEM 图

（a）Cu 与钎缝界面低倍 TEM 图；（b）Cu_9Al_4/$CuAl_2$ 界面 IFFT 图；（c）$CuAl_2$ 的 SAED；（d）Cu_9Al_4 的 SAED；（e）Cu_9Al_4/$CuAl_2$ 界面 FFT 花样

为了分析 $CuAl_2$ 与 Cu_9Al_4 的晶体界面结合情况，可以根据式（4-6）来评估晶体间的晶格失配度[124]。

$$F = \frac{|d_a - d_b|}{d_a} \tag{4-6}$$

式中，d_a和 d_b分别表示晶体的晶面间距。$CuAl_2(310)/Cu_9Al_4(660)$ 晶面的晶格失配率为 0.466，$CuAl_2(310)/Cu_9Al_4(100)$ 界面的晶格失配率为 0.586，为非共格界面，不具有良好的匹配。通过对 $CuAl_2$ 与 Cu_9Al_4 界面晶格间距和晶格失配的分析可知，$CuAl_2$ 金属间化合物层与 Cu_9Al_4 层没有良好的晶格匹配，不具有良好的相容性。

图 4-16 为 Al 与钎缝结合区的 TEM 图。图 4-16（a）为低倍 TEM 图，图 4-16（b）~（e）为图 4-16（a）中不同微区的电子衍射花样。图 4-16（d）为 $CuAl_2$ 晶粒的 SAED 图样，其电子衍射图样由多个衍射环组成，表明 $CuAl_2$ 具有不同的晶体取向，在钎缝中随机分布[5]。图 4-16（b）为 $CuAl_2$ 与 Al 界面的 IFFT 图像，其中图左侧为 Al 晶面，图右侧为 $CuAl_2$，通过标定对应的 $CuAl_2$ 与 Al 界面 HRTEM 的 FFT 斑点，分别标出了 Al 的（220）和（111）晶面，以及 $CuAl_2$ 的（310）和（660）晶面。并通过查找 pdf 卡片，得到 $CuAl_2$ 与 Al 的晶面间距分别

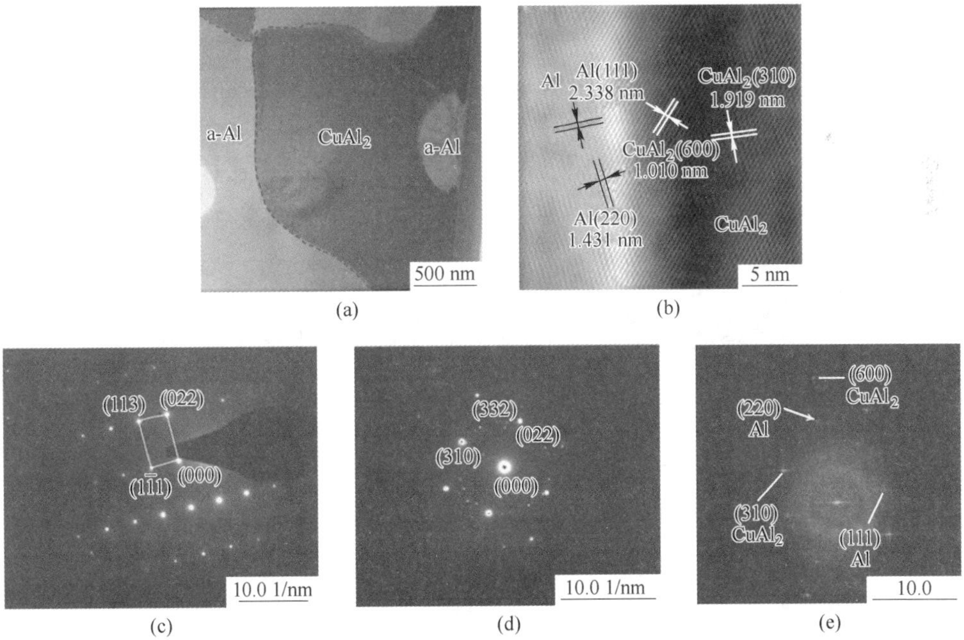

图 4-16　Al 与钎缝结合区的 TEM 图

（a）Al 与钎缝界面低倍 TEM 图；（b）$CuAl_2$/Al 界面 IFFT 图；（c）Al 的 SAED；（d）$CuAl_2$ 的 SAED；（e）$CuAl_2$/Al 界面的 FFT 花样

为 $d_{CuAl_2(111)(220)}$ = 2.338 nm、1.431 nm；$d_{Al(310)(600)}$ = 1.919 nm、1.011 nm。通过式（4-6），计算得 $CuAl_2$(310)/Al(111) 晶格失配率为 0.179，$CuAl_2$(600)/Al(111) 的晶格失配率为 0.567，$CuAl_2$(310)/Al(220) 晶格失配率为 0.341，$CuAl_2$(600)/Al(220) 的晶格失配率为 0.293。通过以上计算得到的结果，$CuAl_2$ 和 Al 的界面基本属于良好的半共格界面结构，相较于 Cu_9Al_4 与 $CuAl_2$ 界面，此界面具有比较好的晶格匹配[125]。

基于以上分析，有必要对 Cu 基体与 Cu_9Al_4 间的界面进行分析。图 4-17（a）为 Cu 与 Cu_9Al_4 界面 TEM 图，在图 4-17（a）左侧为 Cu 基体，右侧为 Cu_9Al_4。在此位置得到的 HRTEM 图，对其进行 FFT 和 IFFT 转变，得到图 4-17（b）和（c）。在 IFFT 图 4-17(b) 上侧为 Cu 晶面右下侧为 Cu_9Al_4 晶面，可以看出两相具有较好的共格。为验证这一观点，在 Cu_9Al_4/Cu 界面 HRTEM 图中经 FFT 转变得到的图 4-17(c) 中标出了 Cu_9Al_4 的（100）（660）晶面和 Cu 的（331）（420）晶面，查询 PDF 卡片得到 Cu_9Al_4 与 Cu 的晶面间距分别为 $d_{Cu_9Al_4(100)(660)}$ = 0.7944 nm、1.0256 nm 及 $d_{Cu(331)(420)}$ = 0.8293 nm、0.8083 nm。通过式（4-6）计算得到 Cu_9Al_4(100)/Cu(331) 晶格失配率为 0.042，Cu_9Al_4(660)/Cu(331) 晶格失配率为 0.236，Cu_9Al_4(100)/Cu(420) 的晶格失配率为 0.017，Cu_9Al_4(660)/Cu(420) 的晶格失配率为 0.268。所以，此界面具有完全的半共格界面，再次验证上述观点，相较于钎缝其他界面，此界面具有最好的晶格匹配[126]。基于以上分析，Cu/钎缝/Al 接头的界面微观组织为 Cu/Cu_9Al_4 + $CuAl_2$ + $CuAl_2$ + $CuAl_2$-α-Al 共晶+α-Al/Al。

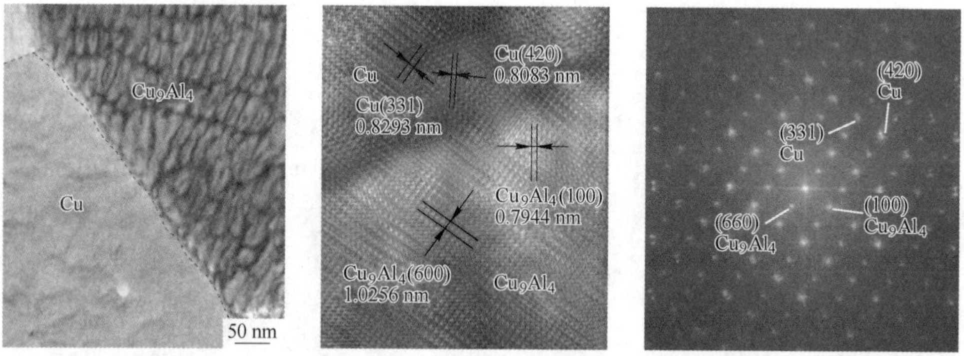

图 4-17　Cu_9Al_4/Cu 界面 TEM 图

（a）Cu 与 Cu_9Al_4 界面 TEM 图；（b）Cu_9Al_4/Cu 界面 IFFT 图；（c）Cu_9Al_4/Cu 界面 FFT 图

使用 EBSD 获取钎缝界面区域的晶体学信息，并进一步展示界面区域的微观结构，如图 4-18 所示。由图 4-18（a）可以发现，钎缝中各晶粒呈各向异性，无明显的择优取向，在钎缝 Cu 侧界面晶粒尺寸明显大于 Al 侧界面的晶粒尺寸。对钎缝中的晶粒尺寸进行分析，分析结果如图 4-18（c）~（e）所示。结果表明：$CuAl_2$ 晶粒的平均尺寸最小，为 11.95 μm；Al 晶粒的平均尺寸最大，为 28.30 μm。这主要是由于熔融钎料中的 Al 晶粒在钎焊过程中不断吸热长大，且铜的传热能力高于铝，这就使得钎焊之后夹具上的热能持续传递给 Cu 侧界面钎料。

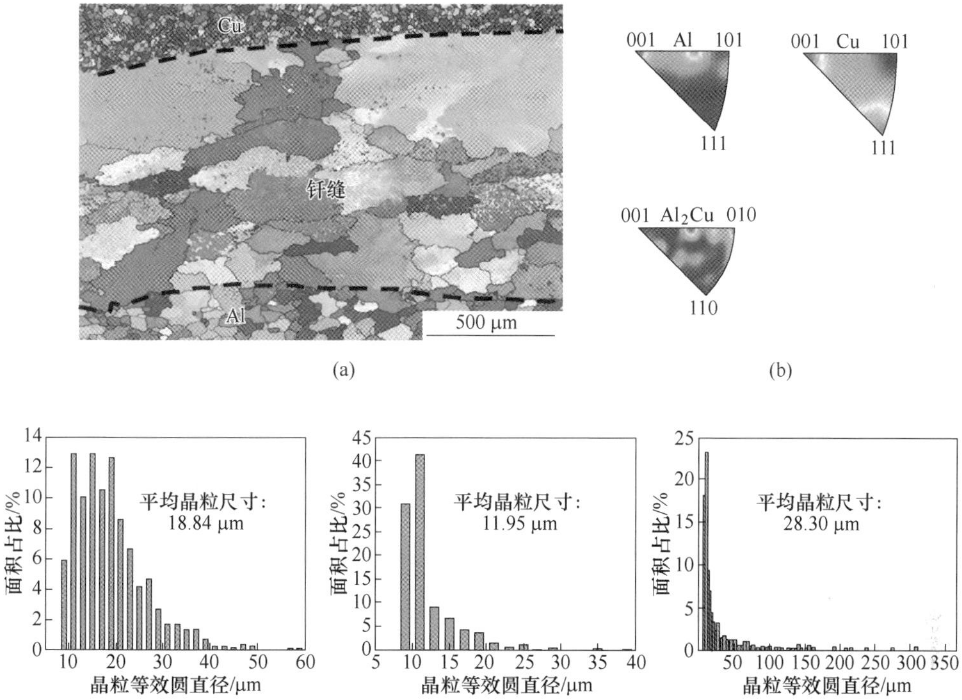

图 4-18 钎焊接头 EBSD 结果

（a）铜/铝钎焊接头 EBSD 图；（b）Cu、Al 和 $CuAl_2$ 的反极图；

（c）Cu 晶粒尺寸图；（d）$CuAl_2$ 晶粒尺寸图；（e）Al 晶粒尺寸图

彩图

为进一步分析 Cu、Al、$CuAl_2$ 晶粒取向特点，通过对 EBSD 数据处理，获得各相的极图，如图 4-19 所示。经过与标准织构对比，在钎缝中主要存在 Stexture {123}<634>、Copper texture {112}<111>及 Brass texture {110}<112>三种织构。

图 4-20（a）展示了与图 4-16（b）反极图对应的 KAM 图，从图 4-20（a）中可得到钎缝界面畸变密度和分布。可以发现，在钎缝 Al 侧界面 KAM 值明显高于钎缝 Cu 侧界面 KAM 值，这意味着在钎缝 Al 侧界面缺陷密度高于钎缝 Cu 侧界

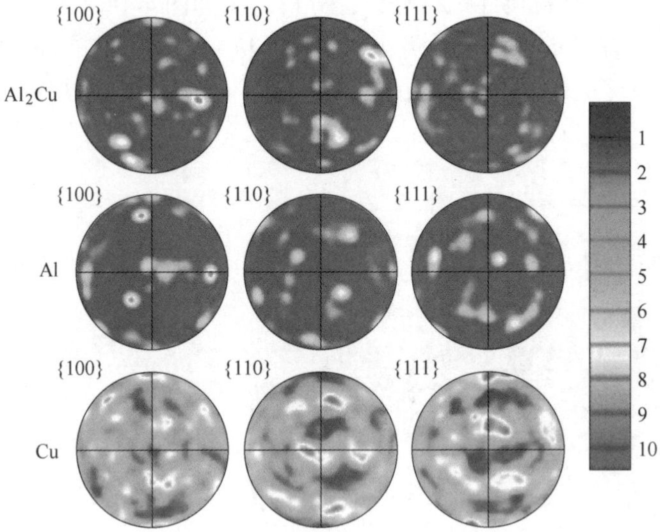

彩图

图 4-19　药芯钎料钎焊铜/铝接头中 Cu、Al 和 $CuAl_2$ 相极图

面。图 4-20（b）展示了钎缝中晶界的分布，可看出在钎缝 Al 侧界面存在高角度晶界，这意味着相较于 Cu 侧界面，在 Al 侧界面晶粒更加细小和均匀。图 4-20（c）是钎缝的再结晶图，可以看出因在钎缝 Cu 侧界面的 KAM 值小于钎缝 Al 侧界面的 KAM 值，所以在再结晶过程中 Al 侧界面的晶界迁移速率高于 Cu 侧界面的晶界迁移速率。

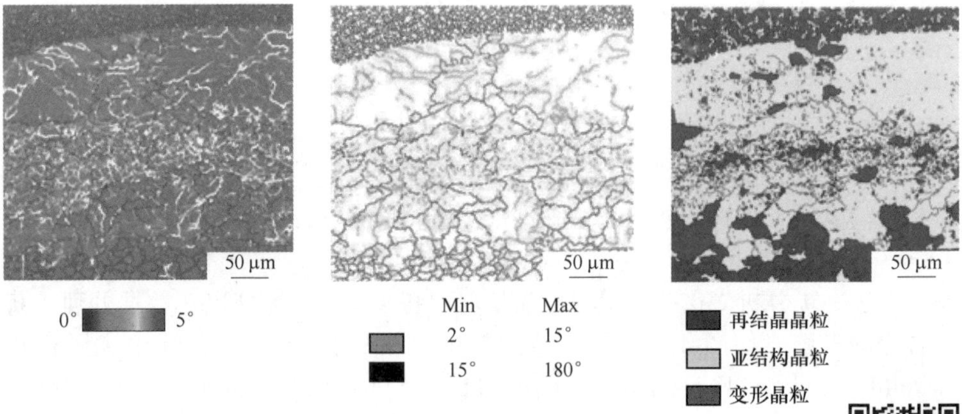

(a)　(b)　(c)

彩图

图 4-20　铜铝钎焊接头

（a）KAM 图；（b）晶界图；（c）钎焊接头再结晶图

4.1.5.2 铜/铝钎焊接头连接机理分析

图 4-21 为铜侧钎缝界面的 EDS 元素面分布图，显示了各元素的分布情况。在 Cu-Al 二元相图中，铜铝发生共晶转变的温度为 548 ℃，且铜在铝中最大固溶度为 5.65%。在不平衡结晶条件下，二元相图中的固相线下移，铜在铝中的固溶度降低为 0.2%，共晶温度降至 525 ℃。在感应钎焊过程中，不平衡的结晶条件下极易生成铜铝共晶组织。通过微观组织图及 EDS 分析可以发现，钎料与 Cu 基体进行了充分的反应。母材中的 Cu 元素扩散程度明显高于钎料中的 Al 元素，并在界面侧出现明显的分层现象。Al 元素在钎缝中主要以枝晶状分布，其余部分 Al 元素在界面侧与 Cu 元素共晶存在。从热力学上分析，在结晶冷却过程中，沿着 Cu 侧界面的钎缝组织冷却速度较慢，钎缝中熔融钎料冷却速度较快，故在界面附近形成厚度为 40～50 μm 的铜/铝金属间化合物层，由沿着钎缝方向生长的块状及柱状的组织，以及远离界面的不规则枝状晶组成。

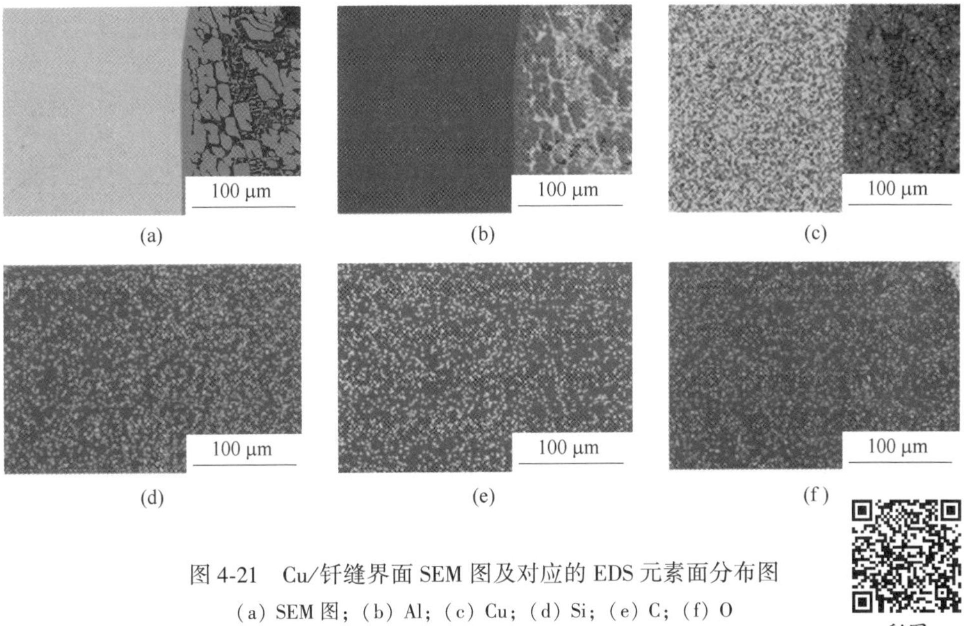

图 4-21 Cu/钎缝界面 SEM 图及对应的 EDS 元素面分布图
(a) SEM 图；(b) Al；(c) Cu；(d) Si；(e) C；(f) O

图 4-22 为钎缝处 EDS 元素面分布图。图 4-22（a）所示的区域位于钎缝中心，温度较高，钎焊结束后在钎料冷却结晶过程中，各方向生长速度相同。可以发现，Al 元素从界面的枝晶状转变为团状及细小的长条状，Cu 元素在钎缝中未出现明显分层，主要以骨骼状分布。Si 元素主要以颗粒状和长

条状分布，并无大面积块状分布，且在图 4-22（a）中未发现对应的析出相，查阅相关资料可以得出 Si 原子主要固溶在 Al 相中，其晶胞模型如图 4-23 所示。故应力集中在 Si 相产生裂纹源的情况难以发生，间接表明 Al/钎缝/Cu 接头在 Al 侧塑性较好。

图 4-22　钎缝处 SEM 图及对应的 EDS 元素面分布图
（a）SEM 图；（b）Cu；（c）Al；（d）Si；（e）C；（f）O

彩图

图 4-24（a）为铝侧钎缝的 EDS 元素面分布图。可以发现，在 Al/钎缝界面 Al 元素在 Al 基体中与钎料进行了充分扩散，Cu 元素在 Al 中表现为长程扩散，Cu 元素的扩散程度明显低于 Al 元素。Al 元素在界面及钎缝中主要以团状分布，Cu 元素在界面及钎缝中主要以骨骼状及细针状分布。Cu 元素在界面分布出现层状且与 Al 元素生成金属间化合物，该金属间化合物为脆硬相，极易成为裂纹源。沿图 4-25 所示区域对界面进行 EDS 线扫描分析结果可以看出，Cu 元素扩散程度明显高于 Al 元素，且 Al、Cu 元素按一定比例呈阶梯状分布，在线扫描结果中共有两个阶梯，这也再次印证在 Cu 侧钎缝界面共有两种金属间化合物生成。

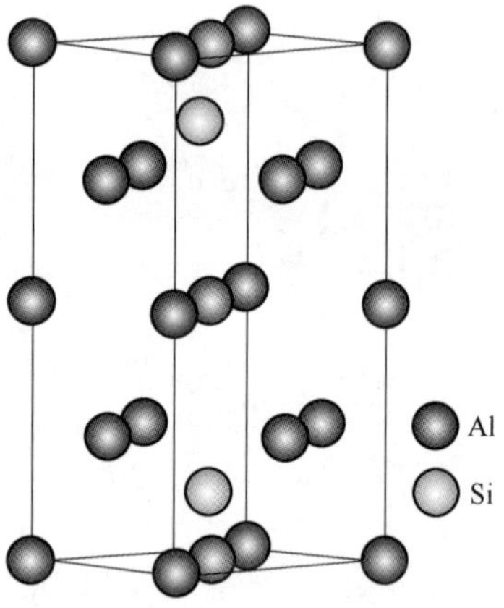

图 4-23　Al-Si 晶胞模型

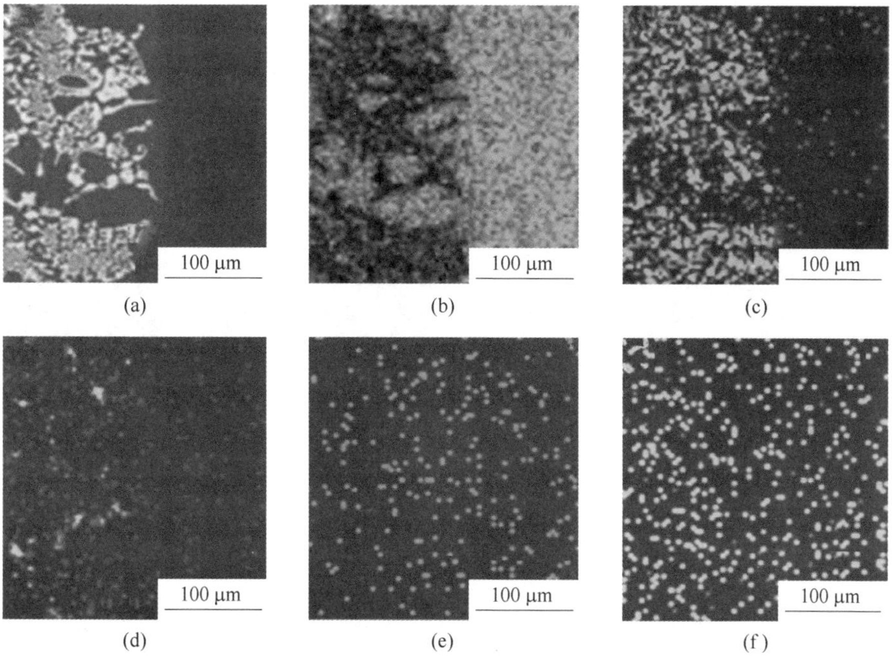

图 4-24　铝/钎缝界面处 SEM 图及对应的 EDS 元素面分布图

（a）SEM 图；（b）Al；（c）Cu；（d）Si；（e）C；（f）O

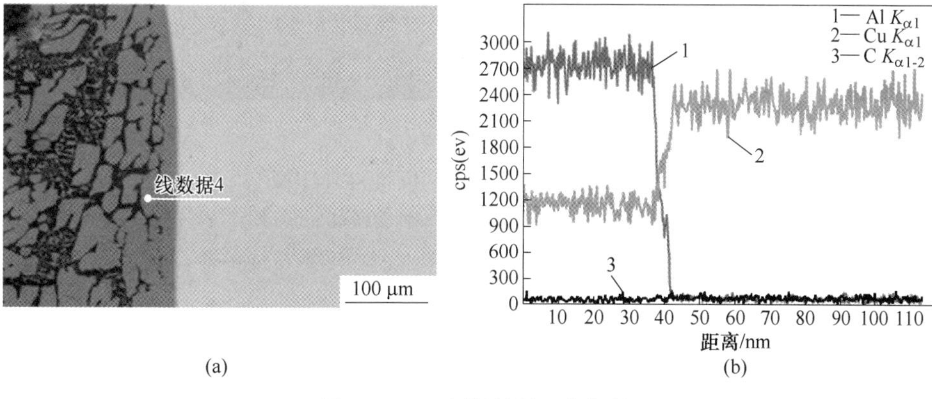

图 4-25　Cu 侧钎缝界面线扫描

（a）线扫描位置；（b）EDS 线扫描结果

IMCs 的生长行为对接头性能有重要影响，为此使用浸泡法对钎焊接头中的金属间化合物立体形貌进行了观测，并对钎缝中的金属间化合物生长过程进行分析。图 4-26 是钎缝中的金属间化合物的形貌，表 4-7 为图 4-26 中各点的 EDS 元素分析结果。可以看出，图 4-26（a）为钎缝中靠近 Al 侧界面的 $CuAl_2$ 与 α-Al

共晶骨骼状金属间化合物 SEM 像，图 4-26（b）为靠近 Cu 侧的 Cu_9Al_4 柱状金属间化合物 SEM 像，图 4-26（c）为靠近母材 Cu 侧致密的片状 $CuAl_2$ 金属间化合物 SEM 像，图 4-26（d）为 Cu 母材侧表面在遇到高温钎料时形成的球状 Cu 的 SEM 像。

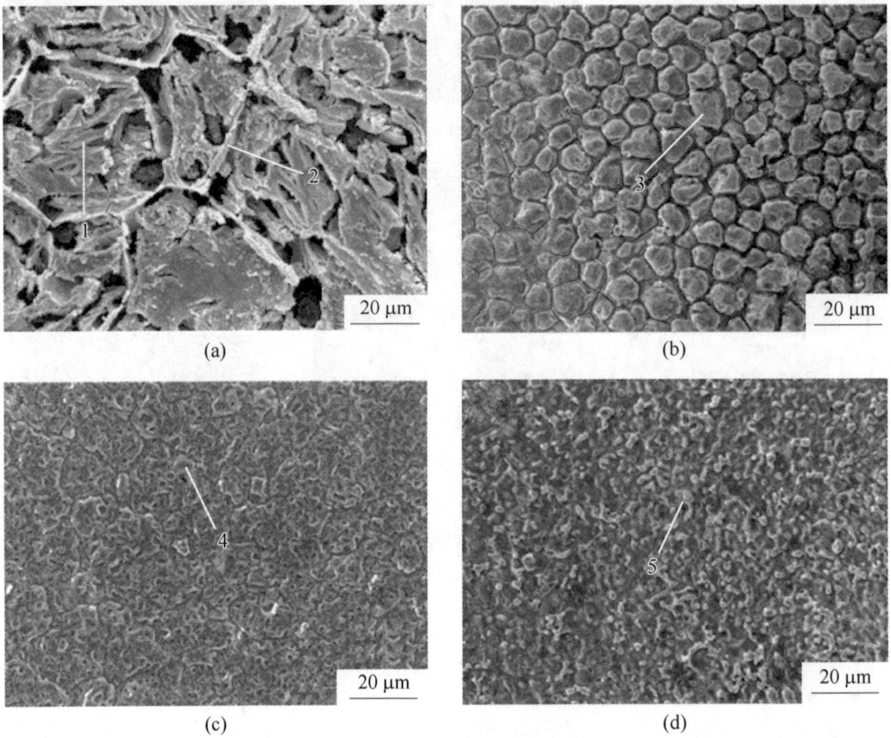

图 4-26　钎焊接头中 IMC 形貌 SEM 图像

（a）钎缝中 $CuAl_2$+α-Al 共晶；（b）Cu/钎缝界面的 Cu_9Al_4 形貌；（c）Cu/钎缝界面的 $CuAl_2$ 形貌；（d）Cu/钎缝界面的 Cu 形貌

表 4-7　图 4-26 中各点的 EDS 元素分析结果（原子数分数）　　（%）

测试点	Al	Cu	Si
1	79.60	18.50	1.90
2	67.30	31.90	0.80
3	29.90	68.78	1.32
4	65.70	32.40	1.90
5	2.50	97.50	—

为了确定各 IMC 在钎焊过程中的生成顺序，从热力学角度查得以下公式：

$$4Al + 9Cu \xlongequal{} Cu_9Al_4 \qquad \Delta G(J/mol) = -33400 + 2.2T$$
$$2Al + Cu \xlongequal{} CuAl_2 \qquad \Delta G(J/mol) = -77100 + 2.3T$$
$$Al + Cu \xlongequal{} CuAl \qquad \Delta G(J/mol) = -20496.8 + 1.6T$$
$$2Al + 3Cu \xlongequal{} Cu_3Al_2 \qquad \Delta G(J/mol) = -20137.8 + 1.6T$$
$$Al + 3Cu \xlongequal{} Cu_3Al \qquad \Delta G(J/mol) = -19653 + 3.2T$$

以上公式为 IMCs 形成过程的标准吉布斯自由能，IMCs 的吉布斯自由能从小到大依次为 $CuAl_2$、Cu_9Al_4、CuAl、Cu_3Al_2 和 Cu_3Al，所以最有可能首先形成的是 $CuAl_2$。从有效形成热角度预测 IMCs 在钎焊过程中的生长顺序。有效生成热可以用以下关系来表示：

$$\Delta H = \Delta H^{\ominus}\frac{c_e}{c} \tag{4-7}$$

式中，$\Delta H^{\ominus}$ 为标准生成焓[127]；c_e 是界面上极限元素的有效浓度；c 为各金属间化合物中极限元素的标称、浓度。通过 Cu-Al 二元相图及相关数据可得到 873.15 K 时铜/铝金属间化合物的标准生成热，结果如图 4-27 所示。

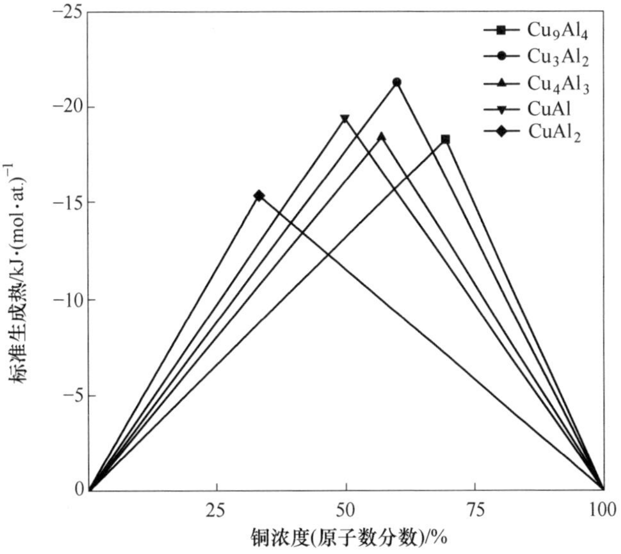

图 4-27　873.15 K 下 Al-Cu 二元系统的 EHF 图

在铜元素向钎缝中扩散后，在钎缝内铜元素含量相对较少，因此受限元素为 Cu 元素。根据有效生成热模型：在 Cu-Al 二元体系中，当受限元素为 Cu 元素时，$CuAl_2$ 的 ΔH 最小，在界面处先形成的化合物为 $CuAl_2$。CuAl、Cu_3Al_2、Cu_4Al_3 和 Cu_9Al_4 随后依次生成。

另外 $AlCu_3$、AlCu、Cu_3Al_2 等相是不稳定的，随着元素扩散会发生相变形成新相。所以，在此次钎焊过程中各 IMCs 形成生长顺序可以划分为 4 个阶段：首先是 Cu 母材与钎缝中 Al 原子相互扩散，并在 Cu 界面缺陷附近形成过饱和固溶体；与此同时高温钎料将熔化的母材 Cu 表面推至液态钎料前沿，在远离界面处形成过饱和固溶体；紧接着铜铝过饱和固溶体分别形核析出，在 Cu 界面处首先形成 $CuAl_2$ 相随后生成较为稳定的 Cu_9Al_4 相，在钎缝中形成 $CuAl_2$ 和 α-Al 共晶相；Cu 界面处 Cu_9Al_4 相和 $CuAl_2$ 相不断生长并沿界面横向扩散，最终形成连续扩散层。

4.2 铜/铝钎焊接头力学性能

4.2.1 铜/铝接头塑韧性

为了准确地描述铜/铝钎焊接头中母材和钎缝的弹性模量和微观硬度，试验采用纳米压痕仪对材料进行相关测试，位移载荷曲线如图 4-28 所示。在纳米压痕试验的位移-载荷曲线中，h_c 为接触深度，它是由式（4-8）计算得出：

$$h_c = h_{max} - \varepsilon \frac{P_{max}}{S} \tag{4-8}$$

式中，h_{max}为铜/铝钎焊接头在纳米压痕试验的最大压痕深度；P_{max}为压痕深度最大时对应的最大载荷；ε 为常量，在纳米压痕试验过程中使用的是 Berkovich 压头，ε 值取 0.75；S 为接触刚度，S 是通过对纳米压痕试验得到的载荷-压痕深度关系曲线中卸载曲线的前 25%～50%的部分进行最小二乘法拟合得到的，如式（4-9）所示：

$$S = \left(\frac{d_p}{d_h}\right)_h = h_{max} \tag{4-9}$$

Berkovich 压头在理想情况下，纳米压痕试验中压痕的接触投影面积 A_c 与接触深度 h_c的关系由经验式（4-10）确定：

$$A_c = 24.56h_c^2 \tag{4-10}$$

由式（4-10）确定接触投影面积 A_c，此时可以采用 Olive-Pharr 法，确定铜/铝钎焊接头母材与钎缝的纳米压痕硬度为：

$$H = \frac{P_{max}}{A_c} \tag{4-11}$$

在 25 mN 最大载荷作用下，Cu 母材的最大压痕深度为 1999 nm，钎缝的最大压痕深度为 2041 nm，Al 母材的最大压痕深度为 2321 nm。图 4-28 显示铜/铝钎焊接头各测试点的卸载曲线呈线性阶段，即压痕载荷与压痕深度成正比。Al 母材线性卸载阶段的斜率低于钎缝处低于 Cu 母材，说明 Al 母材在压痕下具有较高的弹性恢复率，其次是钎缝，最后为 Cu 母材。通过式（4-3）～式（4-6）计算铜

/铝钎焊接头纳米压痕硬度，在 Cu、Al 及钎缝上分别测试三个点，经计算取平均值。Al 母材平均纳米压痕硬度为 3.83 GPa，钎缝平均纳米压痕硬度为2.27 GPa，Cu 母材平均纳米压痕硬度为 2.29 GPa。钎缝纳米压痕硬度与 Cu 母材相当，均低于 Al 母材纳米压痕硬度。同时对母材与钎缝各测试点进行弹性模量计算，Al 平均弹性模量最低为 121.83 GPa，钎缝平均弹性模量为 152.52 GPa，Cu 母材钎缝弹性模量为 165.18 GPa。研究表明：接头中形成中间相对接头弹性模量有影响，中间相的熔点越高，弹性模量也越大。$CuAl_2$ 相的弹性模量比 Al 高，但是比铜低。计算结果与试验结果一致，说明钎缝中间相的存在对钎缝弹性模量有很大影响。另外，接头中形成固溶体对接头弹性模量也有影响。固溶体存在使原子间的结合力增强，接头的弹性模量增大。钎缝组织中存在 α-Al 固溶体，钎缝的弹性模量比 Al 母材高。铜/铝接头钎缝中同时存在 Cu_9Al_4、$CuAl_2$ 两种中间相及 α-Al 固溶体，钎缝的弹性模量是中间相与固溶体共同作用的结果，表现为低于 Cu 母材，高于 Al 母材。

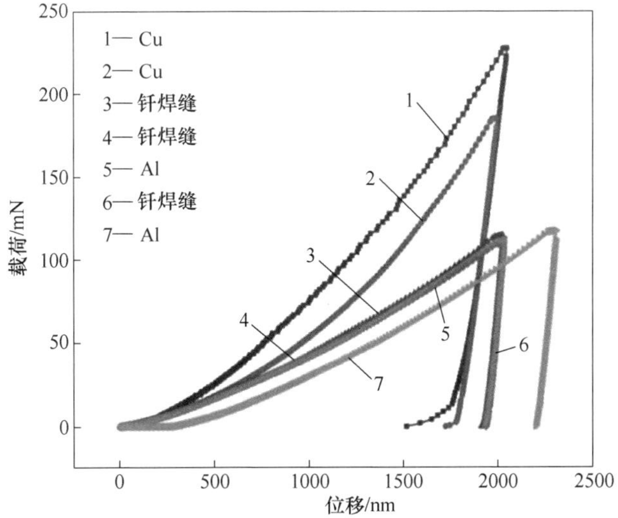

彩图

图 4-28 药芯钎料钎焊铜/铝接头的位移-载荷曲线

4.2.2 铜/铝接头剪切强度

钎焊接头的抗拉强度见表 4-8。从表 4-8 中数据可知，钎焊接头在搭接为 5 mm 时，断裂于钎缝搭接面，此时最大拉力为 4.92 kN，抗拉强度为 61.50 MPa；对接时最大载荷为 2.547 kN，此时抗拉强度为 42.45 MPa。

图 4-29 为一个试样的拉伸曲线。可以看出，接头的载荷-位移曲线表现出有多个峰值：第一个峰值为裂纹从接头缺陷处萌生，主要为接头区边界的未焊合区

域；第二个峰值为裂纹扩展到一定程度，接头部分界面被破坏，根据断口形貌推测此时裂纹主要沿着 $CuAl_2$ 与 α-Al 界面进行扩展，接头未完全断裂失效的原因为界面处存在相阻碍了裂纹的发展，导致其未完全断裂失效；继续拉伸裂纹再萌生、发展，直至达到第三个峰值，由拉伸曲线可知第二、第三两个峰值高度相差不大，说明推测合理。第二个峰值后的最低点与第四个峰值高度相差不大，可推测最终完全断裂失效发生在此处。

表 4-8　钎焊接头抗拉强度

对接接头抗拉强度/MPa			搭接接头抗拉强度/MPa		
42.45	40.20	41.33	61.5	60.07	61.20

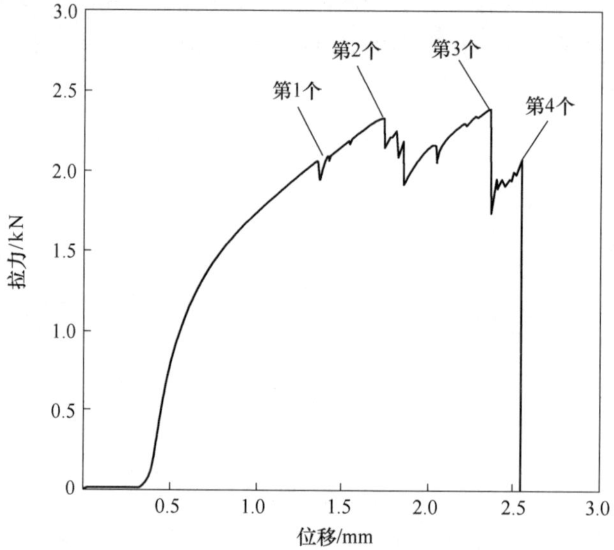

图 4-29　铜/铝钎焊接头载荷-位移曲线

从试验分析结果可知，焊缝中 Cu 母材附近易形成金属间化合物 Cu_9Al_4，Al 母材附近易形成的金属间化合物为 $CuAl_2$。因此，采用第一性原理计算方法，构建 Cu、Al、$CuAl_2$ 和 Cu_9Al_4 的晶体结构模型，并计算 4 种晶体的物理性能参数。构建基体与金属间化合物的界面结构模型，计算界面稳定性和电子结构，从理论的角度揭示界面结合强弱，并分析服役过程中的失效及断裂原因。

4.2.2.1　计算参数选择

采用基于密度泛函理论的 Materials Studios 8.0 软件中的 CASTEP[128] 模块对 Cu、Al、$CuAl_2$ 和 Cu_9Al_4 的体相性质、表面性质和 $CuAl_2$/Al 界面性质、Cu_9Al_4/Cu 界面性质进行计算。交换关联泛函选择广义梯度近似（GGA）下的 PBE 泛函。

赝势选择超软赝势，Cu、Al、$CuAl_2$ 和 Cu_9Al_4 体相及表面模型的平面波截断能分别为 440 eV、160 eV、440 eV 和 440 eV，$CuAl_2$/Al 和 Cu_9Al_4/Cu 界面性质计算的平面波截断能均为 440 eV。K 点网格划分为 $2\pi\times10^{-5}$ nm。计算过程中，结构优化的收敛标准为最大能量变化、最大内应力、最大外力及最大离子位移分别小于 5.0×10^{-6} eV/atom、0.1 eV/nm、0.02 GPa 和 5.0×10^{-5} nm。结构优化获得最低能量结构之后再对相应的晶体结构模型进行性质计算。

A 基体及金属间化合物的体相性能

构建的 Cu、Al 基体的结构，如图 4-30（a）和图 4-30（b）所示。根据试验结果分析，钎缝中存在的金属间化合物主要为 $CuAl_2$ 及 Cu_9Al_4 两种，其晶体结构如图 4-30（c）和图 4-30（d）所示，4 种晶体的晶体结构信息在表 4-9 中列出。从表 4-9 中可以看出，Cu 和 Al 为面心立方晶胞，$CuAl_2$ 为简单四方晶胞，Cu_9Al_4 为简单立方晶胞；两种金属间化合物的密度介于基体密度之间，且富 Cu 相（Cu_9Al_4）的密度更接近于 Cu，富 Al 相的密度更接近于 Al。$CuAl_2$ 经充分弛豫后，其晶胞参数为：$a=b=0.416$ nm，$c=0.285$ nm，与试验测得结果一致（$a=b=0.428$ nm，$c=0.241$ nm）；Cu_9Al_4 经充分弛豫后，其晶胞参数为：$a=b=c=0.884$ nm，与试验测得结果一致（$a=b=c=0.868$ nm）。这表明在计算模拟过程中选择的参数及计算方法是可靠的。

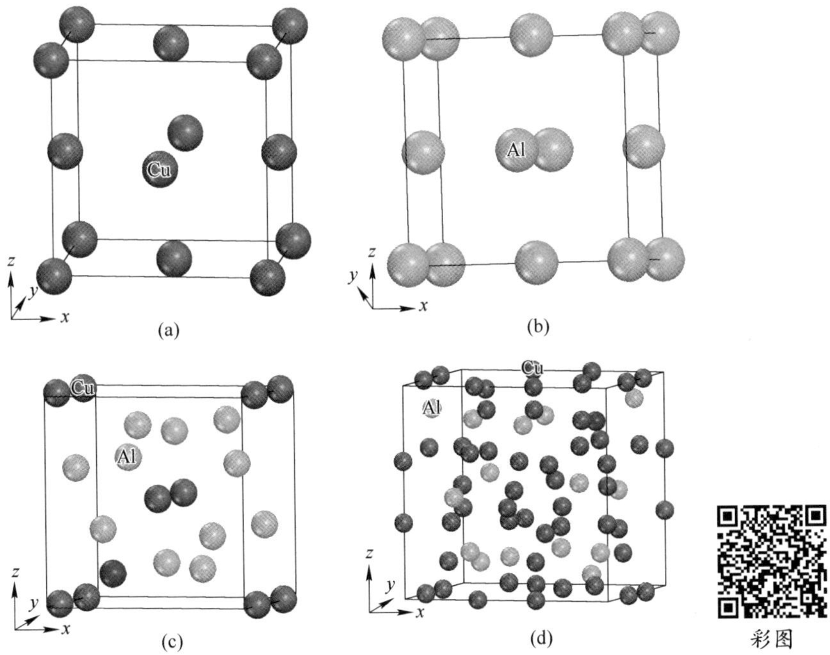

图 4-30 晶体结构

（a）Cu；（b）Al；（c）$CuAl_2$；（d）Cu_9Al_4

表 4-9　晶体结构模型的晶胞参数、空间群、密度、体积

晶体结构	L. P.	S. G.	ρ	V
Cu	$a=b=c=3.63$ $\alpha=\beta=\gamma=90°$	*Fm*-3*m*（No. 225）	8.83	47.8
Al	$a=b=c=4.016$ $\alpha=\beta=\gamma=90°$	*Fm*-3*m*（No. 225）	2.77	64.8
$CuAl_2$	$a=b=0.416$ nm，$c=2.85$ $\alpha=\beta=\gamma=90°$	*P*4/*mmm*(No. 123)	3.96	49.2
Cu_9Al_4	$a=b=c=8.84$ $\alpha=\beta=\gamma=90°$	*P*-43*m*(No. 215)	6.52	1.434

计算的 4 种晶体结构的电子性质，其中 Cu、Al 基体的能带结构及态密度如图 4-31 所示。图 4-31（a）（b）为 Cu 的电子能带结构图和态密度图，图中虚线所示的位置为费米能级。可以看出，能带结构是沿高对称点 X-R-M-G-R 方向的，且导带和价带有交叠，同时从图 4-31（b）可以看到，在费米能级处的态密度大于 0，表明 Cu 基体具有典型的金属特征。同样地，Al 的能带结构是沿高对称点 X-R-M-G-R 方向的（见图 4-31（c）），导带和价带有交叠，且态密度图中（见图 4-31（d））费米能级处的态密度大于 0，表明 Al 的金属性。同时，对比 Cu 和 Al 态密度图中费米能级处的电子态可知，Cu 的导电性强于 Al。

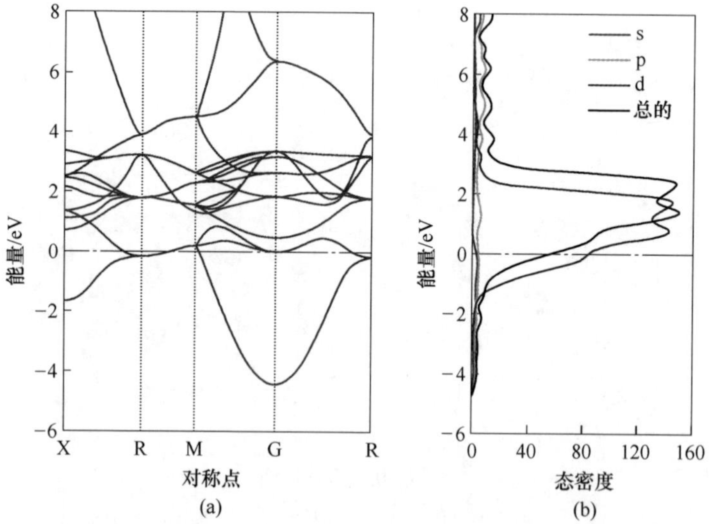

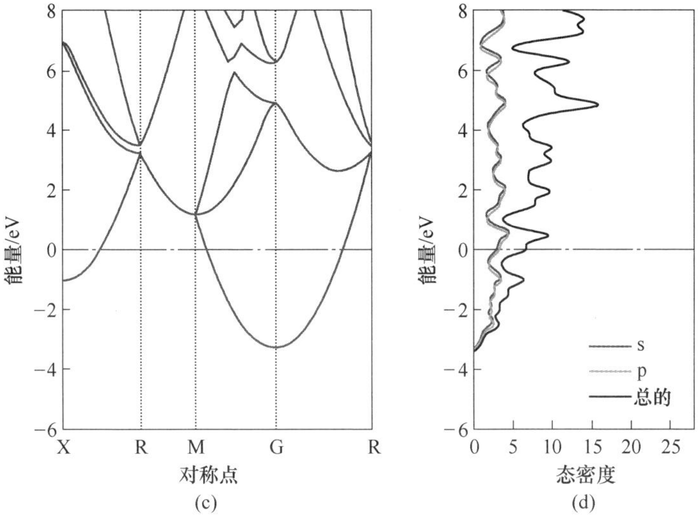

图 4-31　Cu、Al 基体的能带结构和态密度

（a）Cu 基体的电子能带结构；（b）Cu 基体的态密度；

（c）Al 基体的电子能带结构；（d）Al 基体的态密度

彩图

图 4-32（a）（b）为 $CuAl_2$ 的电子能带结构图和态密度图，图中虚线所示的位置为费米能级。由图 4-32（a）可知，能带结构是沿高对称点 Z-A-M-G-Z-R-X-G 方向的，且导带和价带有交叠，同时从图 4-32（b）可以看到，在费米能级处的态密度大于 0，表明金属间化合物 $CuAl_2$ 的金属特征。同样，图 4-32（c）中 Cu_9Al_4的能带结构图是沿高对称点 X-R-M-G-R 方向的，其导带和价带有交叠；图 4-32（d）费米能级处的态密度大于 0，表明 Cu_9Al_4 的金属性。同时，对比 $CuAl_2$ 和 Cu_9Al_4 态密度图中费米能级处的电子态可知，Cu_9Al_4 的导电性强于 $CuAl_2$。这是由 Cu_9Al_4 晶体中 Cu 原子的排列方式决定的。

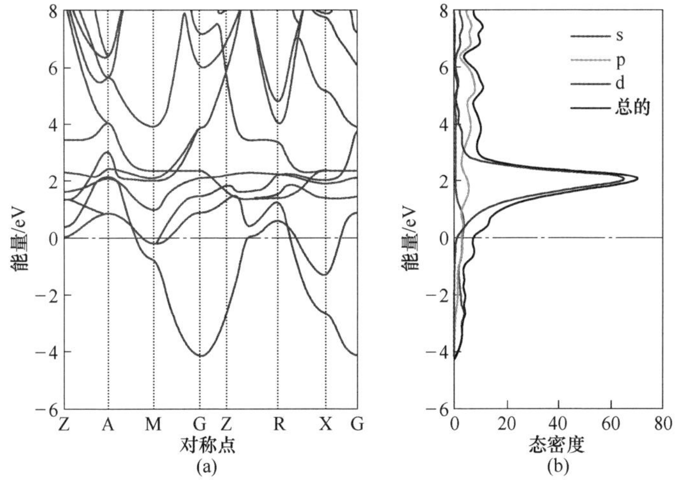

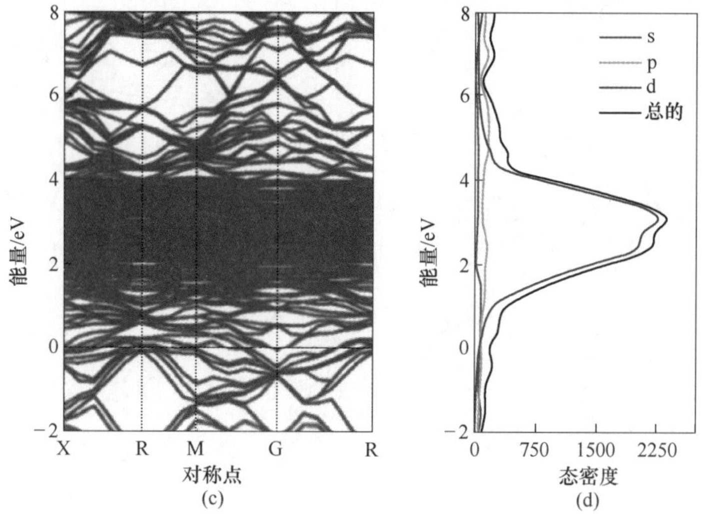

图 4-32　$CuAl_2$、Cu_9Al_4 基体的能带结构和态密度

(a) $CuAl_2$ 的电子能带结构；(b) $CuAl_2$ 的态密度；

(c) Cu_9Al_4 的电子能带结构；(d) Cu_9Al_4 的态密度

彩图

B　晶体表面模型

在构建金属间化合物与基体的界面模型之前，首先要获得构成界面结构元素的相应表面模型。在三维晶体材料中，原子的排列具有周期性，其受力情况均匀稳定；表面作为二维结构，其原子受力不均一，因材料表面和内部对应力的表现并不相同。此外，选取不同的晶面作为研究对象，必然导致表面模型原子排布方式的不同，亦即表面性质不同。一般根据能量最低原理，构建表面模型时，倾向于选择低指数晶面或原子密排面作为研究对象。

建模时，表面模型可看作沿晶体对应的晶向切开，获得其表面原子排布。由于晶体原子排列的周期性，需要在切开表层加入一定厚度的真空层，用于消除上下表层之间的相互作用，其范围通常介于 1~2 nm。本节选取的真空层厚度为 1.5 nm。理论上，在计算过程中，所构建表面模型的原子层数要足够多，以保证表面模型内部原子呈现体相性质。原子层数的增多必然会导致计算量的增加，以致计算效率降低。因此，在构建界面模型之前，首先要对选取表面模型进行原子层数的收敛性测试，实现表面模型呈现体相性能及计算效率的统一。本节采用表面能判定标准分别对 Cu(100)、Al(100)、$CuAl_2$(001) 及 Cu_9Al_4(100) 表面模型进行原子层数收敛性测试。

$CuAl_2$ 作为富 Al 相，优先生成于 Al 基体一侧，所以本节构建了 $CuAl_2$/Al 界面模型。同时，$CuAl_2$(001) 表面模型有两种原子排列方式，分别是 Cu 原子终止和 Al 原子终止。结合试验的实际情况，以 Al 原子为终止层的 $CuAl_2$(001) 表面更容易与 Al 基体形成稳定界面。因此，$CuAl_2$(001) 表面模型选择以 Al 原子为终止的进行收敛性测试。Cu_9Al_4 作为富 Cu 相，优先生成于 Cu 基体一侧，所以构建了 Cu_9Al_4/Cu 界面模型。通常为了消除偶极效应表面模型的上下表面原子终止情况应保持一致。Cu_9Al_4 晶体结构复杂，构建表面模型时原子终止情况复杂多变，经对比分析，构建了 Cu_9Al_4(100) 以 Cu 原子为终止的表面模型，且表面能收敛性测试过程中，选用晶胞叠加的方式进行。

4.2.2.2 Cu(100) 和 Al(100) 表面模型原子层数判定

Cu(100) 和 Al(100) 表面能的表达式为：

$$\sigma_{M(100)} = \frac{1}{2A}[E_{slab} - N_M \mu_M] \tag{4-12}$$

式中，M 代表 Cu 和 Al；$\sigma_{M(100)}$ 为 Cu(100) 和 Al(100) 的表面能；A 为 Cu(100)和 Al(100) 表面积；E_{slab}为 Cu(100) 和 Al(100) 表面模型的总能量；N_M为 Cu(100) 和 Al(100) 表面模型中 Cu 和 Al 的原子个数；μ_M为 Cu、Al 的化学势。

计算时，将 Cu、Al 金属晶体的能量分别视作其单质的化学势，即 $\mu_{Cu} \approx -1476.55$ eV，$\mu_{Al} \approx -56.43$ eV。将 μ_{Cu}、μ_{Al}及不同原子层数的表面模型优化后得到的总能量（E_{slab}）的数值代入式（4-12），可以得到接近理想状态下的不同原子层数的 Cu(100) 和 Al(100) 表面模型的表面能，计算结果见表 4-10。从表 4-10 中数据可以看出，原子层数为 9 层的 Cu(100) 表面模型的表面能基本达到收敛，即认为此刻的晶体表面模型保留了其体相特征，保证符合要求的最少原子层数，提高了计算效率。同样地，9 层的 Al(100) 表面模型的表面能达到收敛。因此采用 9 层的 Cu(100) 和 9 层的 Al(100) 表面模型，与相应的金属间化合物进行后续界面模型搭建。图 4-33 和图 4-34 为不同原子层数的 Cu(100) 和 Al(100) 表面模型图。

表 4-10 不同原子层数的 Cu(100) 和 Al(100) 表面能 (J/m^2)

表面	表面能			
	$n=5$	$n=7$	$n=9$	$n=11$
Cu(100)	1.126	1.422	1.428	1.434
Al(100)	0.820	0.873	0.872	0.890

4.2.2.3 $CuAl_2$(001) 和 Cu_9Al_4(100) 表面模型原子层数判定

A $CuAl_2$(001) 表面模型原子层数判定

$CuAl_2$(001) 表面能的表达式为：

$$\sigma_{CuAl_2(001)} = \frac{1}{2A}[E_{slab} - N_{Cu}\mu_{Cu} - N_{Al}\mu_{Al}] \tag{4-13}$$

式中，$\sigma_{CuAl_2(001)}$ 为 $CuAl_2$(001) 的表面能；A 为 $CuAl_2$(001) 表面积；E_{slab} 为 $CuAl_2$(001) 表面模型的总能量；N_{Cu}、N_{Al}为 $CuAl_2$(001) 表面模型中 Cu 和 Al 的原子个数；μ_{Cu}和μ_{Al}为 Cu、Al 的化学势。

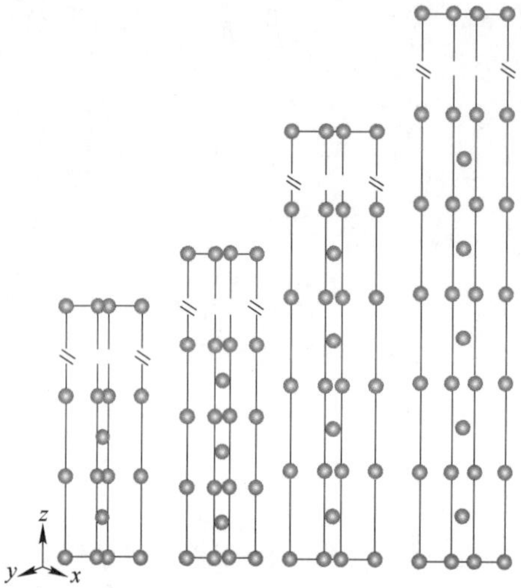

(a)　(b)　(c)　(d)

图 4-33　不同原子层数的 Cu(100) 表面模型

(a) 5 层；(b) 7 层；(c) 9 层；(d) 11 层

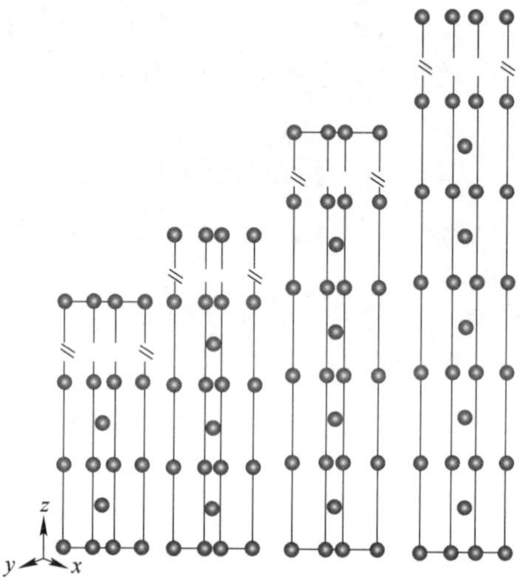

(a)　(b)　(c)　(d)

图 4-34　不同原子层数的 Al(100) 表面模型

(a) 5 层；(b) 7 层；(c) 9 层；(d) 11 层

$CuAl_2$ 体相单元的能量的表达式为：

$$\mu_{CuAl_2}^{bulk} = \mu_{Cu} + 2\mu_{Al} \tag{4-14}$$

结合公式（4-13）和公式（4-14），可以得到仅有一个变量 μ_{Al} 的 $\sigma_{CuAl_2(001)}$ 表达式，如下所示：

$$\sigma_{CuAl_2(001)} = \frac{1}{2A}[E_{slab} - N_{Cu}\mu_{CuAl_2}^{bulk} + (2N_{Cu} - N_{Al})\mu_{Al}] \tag{4-15}$$

在本章计算中，将 Al 金属晶体的能量分别视作其单质的化学势，即 $\mu_{Al} \approx -56.43$ eV。

将$\mu_{CuAl_2}^{bulk}$、μ_{Al}及不同原子层数的表面模型优化后得到的总能量（E_{slab}）数值代入公式（4-15），可以得到接近理想状态下的不同原子层数的 $CuAl_2$(001) 表面模型的表面能，计算结果见表 4-11。从表 4-11 中数据可以看出，原子层数为 11 层的 $CuAl_2$(001) 表面模型的表面能基本达到收敛，即认为此刻的晶体表面模型既保留了其体相特征，又能保证符合要求的最少原子层数，尽可能地提高了计算效率。图 4-35 为不同原子层的 $CuAl_2$(001) 表面模型图。

表 4-11 不同原子层数的 $CuAl_2(001)$ 表面能 (J/m^2)

表面	表面能			
	$n=7$	$n=11$	$n=15$	$n=19$
$CuAl_2(001)$-Al	0.889	0.875	0.876	0.907

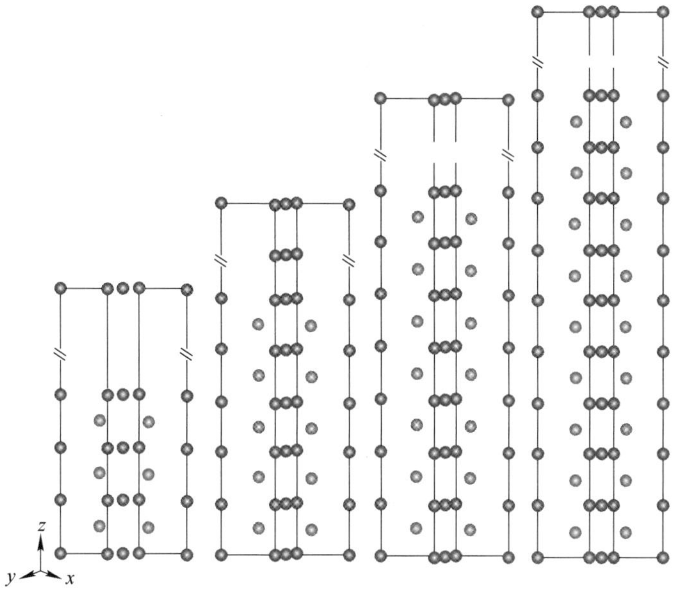

图 4-35 Al 原子为终止层的不同原子层数的 $CuAl_2(001)$ 表面模型

(a) 7 层；(b) 11 层；(c) 15 层；(d) 19 层

B $Cu_9Al_4(100)$ 表面模型原子层数判定

$Cu_9Al_4(100)$ 表面能的表达式为：

$$\sigma_{Cu_9Al_4(100)} = \frac{1}{2A}[E_{slab} - N_{Cu}\mu_{Cu} - N_{Al}\mu_{Al}] \tag{4-16}$$

式中，$\sigma_{Cu_9Al_4(100)}$ 为 $Cu_9Al_4(100)$ 的表面能；A 为 $Cu_9Al_4(100)$ 表面积；E_{slab} 为 $Cu_9Al_4(100)$ 表面模型的总能量；N_{Cu}、N_{Al} 为 $Cu_9Al_4(100)$ 表面模型中 Cu 和 Al 的原子个数；μ_{Cu} 和 μ_{Al} 为 Cu、Al 的化学势。

Cu_9Al_4 体相单元的能量 $\mu_{Cu_9Al_4}^{bulk}$ 的表达式为：

$$\mu_{Cu_9Al_4}^{bulk} = 9\mu_{Cu} + 4\mu_{Al} \tag{4-17}$$

结合公式（4-16）和公式（4-17），可以得到仅有一个变量 μ_{Al} 的 $\sigma_{Cu_9Al_4(100)}$ 表达式，如下所示：

$$\sigma_{Cu_9Al_4(100)} = \frac{1}{2A}\left[E_{slab} + \left(\frac{9}{4} \times N_{Al} - N_{Cu}\right) - \frac{1}{4} \times N_{Al}\mu_{Cu_9Al_4}^{bulk}\right] \tag{4-18}$$

在本章计算中，将 Cu 金属晶体的能量分别视作其单质的化学势，即 μ_{Cu}^{bulk} = −1476.55 eV。

将 $\mu_{Cu_9Al_4}^{bulk}$、μ_{Cu} 及不同原子层数的表面模型优化后得到的总能量（E_{slab}）数值代入公式（4-18），可以得到接近理想状态下的不同原子层数的 Cu_9Al_4(100) 表面模型的表面能，计算结果见表 4-12。从表 4-12 中数据可以看出，3 个晶胞累加的 Cu_9Al_4(100) 表面模型的表面能基本达到收敛，即认为此刻的晶体表面模型既保留了其体相特征，又能保证符合要求的最少原子层数，尽可能地提高了计算效率。因此，本节采用 3 个晶胞累加的 Cu_9Al_4(100) 和 9 层的 Cu(100) 表面模型，与进行金属间化合物 Cu_9Al_4 与基体 Cu 之间的界面模型搭建。图 4-36 为不同晶胞叠加数目的以 Cu 原子为终止层的 Cu_9Al_4(100) 表面模型图。

表 4-12　不同原子层数的 Cu_9Al_4(100) 表面能　　(J/m^2)

表面	表面能			
	$n=1$	$n=2$	$n=3$	$n=4$
Cu_9Al_4(100)-Cu	1.556	1.584	1.572	1.587

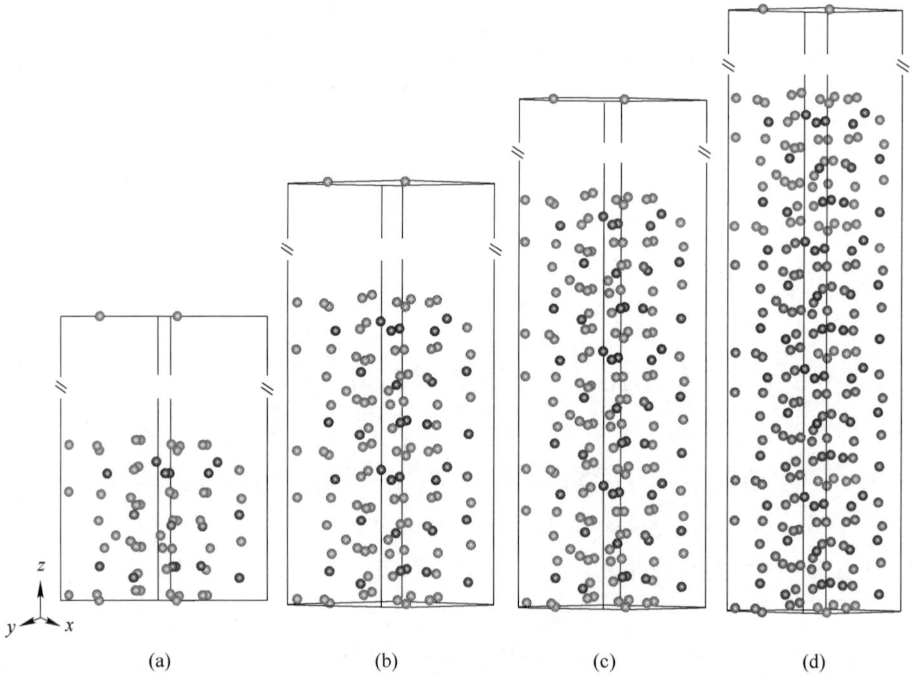

图 4-36　Cu 原子为终止层的不同晶胞数的 Cu_9Al_4(100) 表面模型
(a) 1 层；(b) 2 层；(c) 3 层；(d) 4 层

4.2.2.4 界面结合功

在上述计算结果的基础上，建立了钎缝中金属间化合物与金属基体之间的界面模型，即 $CuAl_2$(001)/Al(100) 和 Cu_9Al_4(100)/Cu(100) 界面模型，这两种界面模型如图 4-37 所示。构建理想界面模型时，倾向于选择建立共格界面，同时需考虑界面的稳定性。因此，选择表面模型时，除了考虑表面能最低原则，还需保证界面最低错配度。界面失配度 ξ 的计算公式如下：

$$\xi = 1 - \frac{2A_{12}}{A_1 + A_2} \tag{4-19}$$

式中，A_1 和 A_2 分别为搭建界面结构所选用的两个晶体表面模型的表面积；A_{12} 为两个表面模型重合的面积，$\times 10^{-2}$ nm^2。一般情况下，当界面错配度 $\xi<5\%$ 时，则认为可以构成稳定的界面[129]。经计算，$CuAl_2$(001)/Al(100) 和 Cu_9Al_4(100)/Cu(100) 界面的错配度分别为 2.03% 和 0.6%，均小于 5%，说明构建的两种界面模型是稳定合理的。另外，选取金属间化合物表面模型时，为减小晶面错配度，同时更接近于试验研究，所构建的两种界面模型仅考虑界面完全共格的原子排布情况，界面结构的原子模型如图 4-37 所示。之后对界面结构进行进一步优化，得到在基态下的平衡态原子结构。

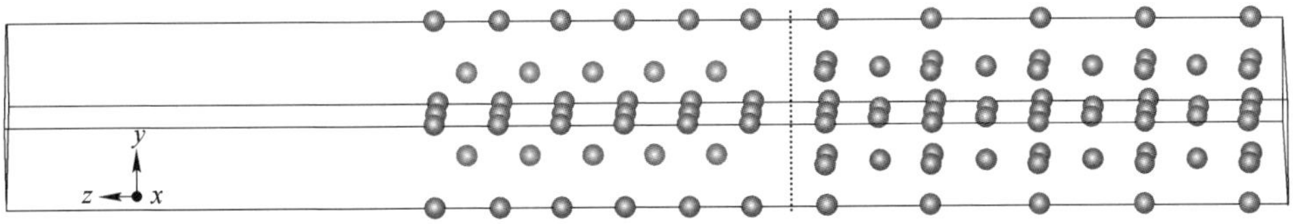

(a)

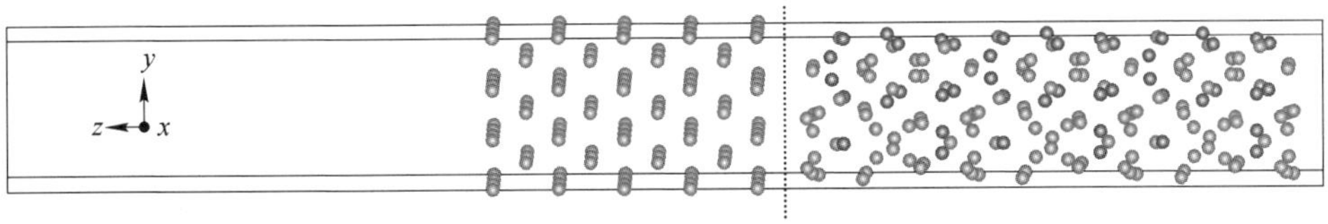

(b)

图 4-37 界面结构的原子模型

(a) $CuAl_2$(001)/Al(100)；(b) Cu_9Al_4(100)/Cu(100)

在构建界面时，界面原子的结合强度可以用界面结合功来描述。界面结合功 W_{ad} 定义为在除去塑性及扩散自由度的影响下，逆向地将一个界面分离为两个自由表面所需要做的功。界面结合功的计算结果越大，界面处原子间的结合能力就越强，界面越稳定。

A $CuAl_2$(001)/Al(100) 界面结合功

$CuAl_2$(001)/Al(100) 界面的界面结合功 W_{ad} 的表达式为：

$$W_{ad} = \frac{E_{CuAl_2} + E_{Al} - E_{CuAl_2/Al}}{A} \tag{4-20}$$

式中，E_{CuAl_2}和E_{Al}分别为$CuAl_2$(001）表面模型和Al(100）表面模型充分弛豫后的总能量；$E_{CuAl_2/Al}$为$CuAl_2$(001)/Al(100）界面模型充分弛豫后的总能量；A为$CuAl_2$(001)/Al(100）界面面积。

将对应的值代入公式（4-20)，可以得到$CuAl_2$(001)/Al(100）界面模型弛豫前后的界面原子间距和界面结合功。从表4-13可以看出，$CuAl_2$(001)/Al(100）界面处原子间距减小，界面结合功增大，说明界面模型经弛豫后，界面的结合力增强。

B　Cu_9Al_4(100)/Cu(100）的界面结合功和界面能

Cu_9Al_4(100)/Cu(100）界面的界面结合功W_{ad}的表达式为：

$$W_{ad} = \frac{E_{Cu_9Al_4} + E_{Cu} - E_{Cu_9Al_4/Cu}}{A} \tag{4-21}$$

式中，$E_{Cu_9Al_4}$和E_{Cu}分别为Cu_9Al_4(100）表面模型和Cu(100）表面模型充分弛豫后的总能量；$E_{Cu_9Al_4/Cu}$为Cu_9Al_4(100)/Cu(100）界面模型充分弛豫后的总能量；A为Cu_9Al_4(100)/Cu(100）界面面积。

将对应的值代入公式（4-21)，可以得到Cu_9Al_4(100)/Cu(100）界面模型的界面结合功。从表4-13可以看出，经过充分弛豫后，Cu_9Al_4(100)/Cu(100）界面处的原子间距减小，界面结合功增加，即界面稳定性增加，且其界面结合功大于$CuAl_2$(001)/Al(100）界面。这表明，在理想状态下，与$CuAl_2$(001)/Al(100）界面相比，焊缝中Cu_9Al_4(100)/Cu(100）界面的结合力较强。因此，铜/铝异种金属焊接失效的原因可能在于$CuAl_2$与基体之间的结合力不足，萌生裂纹，导致断裂。

表4-13　不同界面模型弛豫前后界面间距d和界面理想结合功W_{ad}

界面	弛豫前		弛豫后	
	$d_{(未弛豫)}$/nm	$W_{ad(未弛豫)}$/J·m^{-2}	$d_{(弛豫)}$/nm	$W_{ad(弛豫)}$/J·m^{-2}
$CuAl_2$(001)/Al(100)	0.286	-9.03	0.1805	0.12
Cu_9Al_4(100)/Cu(100)	0.385	-4.88	0.1923	1.21

4.3　铜/铝钎焊接头断口微观组织

基于第一性原理对界面结合能的理论计算，对铜/铝钎焊接头的断口微观形貌及断裂机理进行分析。图4-38为药芯钎料钎焊铜/铝接头的断口微观组织，其中图 4-38（a）为 Cu 侧断口微观形貌，Ⅰ区域为 Cu 基体，且 Cu 基体区域存在一些微小坑洞，说明在原接头中存在空洞等缺陷，堆积的Ⅱ区域层片状相为 $CuAl_2$。在此区域内因空洞等缺陷的存在，缺陷附近应力集中，导致裂纹在 Cu 基体与钎缝界面萌生。图 4-38（b）为钎缝中部区域断口微观形貌，可以看到在远离界面的钎缝中心区域分布有层片状的 $CuAl_2$，在钎缝的中心部分裂纹主要沿着 $CuAl_2$ 相进行扩展。图 4-38（c）为 Al 侧断口微观形貌，未发现 Al 基体区域，说明 Al 侧结合良好，其中区域Ⅲ为呈棍棒状的 α-Al 固溶体相，与其相接区域为与 Cu 侧区域Ⅱ相同层片状的 $CuAl_2$。根据前述纳米压痕试验结果及相关研究可知，$CuAl_2$ 为硬脆相，Al 母材较软，两者硬度相差较大，在接头中易造成硬度失配，导致其二者界面薄弱，易产生裂纹等缺陷。由此可推测裂纹的扩展是沿着 $CuAl_2$ 与 α-Al 界面进行的。综合图 4-38（a）~（c）可以推测铜/铝钎焊接头在拉伸过程中，裂纹起始于未焊合的 Cu 母材与钎缝处，然后在钎缝中心部位中的 $CuAl_2$ 与 α-Al 界面进行扩展，最终导致接头断裂失效，具有明显的脆性断裂特征。试验结果与理论计算结果保持一致。图 4-38（d）为铜/铝接头的断裂模型示意图。

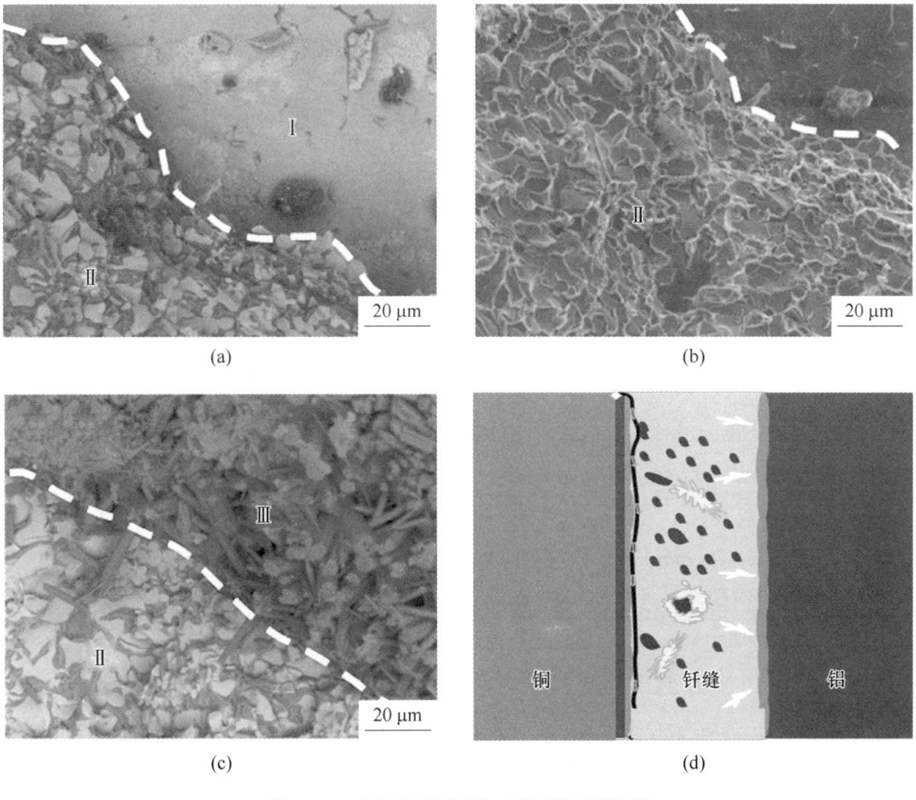

图 4-38 铜/铝接头断口微观组织形貌

（a）Cu 侧断口微观组织；（b）钎缝中部区域断口微观组织；（c）Al 侧断口微观组织；（d）断裂模型图

4.4 铜/铝钎焊接头强化机制

在铜/铝钎焊接头中，焊接区域的界面微观组织通常由铜铝合金相、IMCs 层（如 $CuAl_2$、Cu_3Al 等）和母材形成的金属基体组成。钎料在高温下与铝和铜的金属表面发生反应，生成具有不同晶体结构和化学组成的 IMCs 层。这个 IMCs 层的存在是铜/铝钎焊接头强化的关键因素之一。由于 IMCs 层的硬度较高，能够有效增强焊接接头的整体力学性能，但 IMCs 层的形成也可能会影响接头的耐腐蚀性和韧性，特别是在过厚的 IMCs 层形成时。适度的 IMCs 厚度有助于强化接头，但如果 IMCs 层过厚，会使接头变脆，影响性能。微观组织的优化通常体现在 IMCs 颗粒的分布、形貌及与母材的结合方式上。高质量的钎焊接头通常表现为均匀、细小的 IMCs 层，而非大块或不均匀的 IMCs 聚集。

第一性原理通常通过量子力学方法（如密度泛函理论，DFT）来预测和计算铜/铝钎焊接头的界面行为。通过第一性原理的计算，可以分析不同焊接条件下金属原子之间的相互作用、电子结构、能带结构及晶格失配等问题。在铜/铝焊接接头中，第一性原理计算可帮助解释 IMCs 的形成机制及其对焊接接头强度的影响。例如，通过计算钎料与铜、铝基体之间的结合能，可以预测焊接界面上不同物质之间的结合强度，从而推测哪些相（如 $CuAl_2$ 或 Cu_3Al）在接头强化中起到主导作用。第一性原理还可以预测温度对 IMCs 生长的影响，从而优化焊接工艺参数。通过计算合金元素的相互作用，可以更好地理解钎料中元素的选择对界面反应的影响。

IMCs 的生长是钎焊接头强化的一个重要机制。IMCs 层的生长通常遵循扩散控制的动力学过程，即基于原子扩散机制，IMCs 层的厚度随着时间的推移逐渐增大。IMCs 的生长速度与温度、时间和接头界面的扩散性密切相关。在钎焊过程中，铜和铝基体之间的界面反应生成 IMCs，IMCs 的生长动力学模型通常遵循费克扩散定律。在合适的焊接温度下，钎料中的元素通过扩散与基体发生反应，形成 IMCs。根据 IMCs 的厚度和生长速率，可以评估接头的强度和耐腐蚀性。研究表明，IMCs 的生长不仅受温度和时间的影响，还与钎料的成分、界面质量和合金元素的类型有关。过多的 IMCs 形成可能导致接头的脆性增强，影响力学性能，因此需要控制 IMCs 的生长速率和厚度。

IMCs 层的形成有助于提高接头的硬度和强度。尤其是在较薄的 IMCs 层形成时，强化效果最为明显。IMCs 层对接头性能的影响主要体现在两方面：一方面，IMCs 的高硬度增加了接头的抗拉强度；另一方面，IMCs 的脆性也可能导致接头的断裂韧性降低。因此，控制 IMCs 层的厚度和组织对提升接头的综合性能至关重要。IMCs 层的强化作用也影响接头的疲劳和断裂性能。通过调控 IMCs 的结构和厚度，可以提高接头的抗疲劳性，减少疲劳裂纹的扩展。与此同时，IMCs 层的形成能够有效阻止微裂纹的扩展，从而提高接头的耐久性。IMCs 层的存在虽然能够强化接头，但也可能降低接头的耐腐蚀性。铜铝接头界面形成的 IMCs 层，在一定条件下可能成为腐蚀的“源头”，因为它们可能较易受到环境因素（如盐雾、湿气等）的侵蚀。过厚的 IMCs 层容易形成电池效应，导致局部腐蚀的加剧。因此，在优化焊接工艺时，需要考虑 IMCs 层厚度的适度控制，以保证良好的耐腐蚀性。

5　异质金属钎焊接头腐蚀行为及失效机理

铁护栏的生锈、塑料的硬脆、橡胶轮胎的老化、古籍纸质的发黄变脆、丝绸的化丝、石头的风化等都是一种腐蚀现象。

腐蚀按材料可分为金属腐蚀和非金属腐蚀。由于金属材料具有较高的机械强度、可塑性、良好的导热性和导电性及加工成型性等优点，在工程材料中得到广泛应用。金属材料的腐蚀，是指金属材料和周围介质接触时发生化学或电化学作用而引起的一种破坏现象。对于金属而言，在自然界大多是以金属化合物的形态存在。从热力学的观点来看，除了少数贵金属（如金、铂等）外，各种金属都有转变成离子的趋势。因此，金属元素比它们的化合物具有更高的自由能，必然有自发地转回到热力学上更稳定的自然形态——氧化物的趋势，所以说金属腐蚀是自发的普遍存在的一种现象，是不可避免的。

按机理分：

(1) 化学腐蚀，特征为发生化学反应，无腐蚀电流。如金属和周围介质（酸、碱、盐、O_2、SO_2、CO_2、水蒸气等）直接接触而引起的腐蚀、金属在高温下形成的氧化皮等。

(2) 电化学腐蚀，特征为发生电化学反应，有腐蚀电流。如干电池对外供电。实际腐蚀过程绝大多数为电化学腐蚀。

按破坏形式分：

(1) 全面腐蚀（均匀腐蚀）：腐蚀在金属表面全面展开。如纯金属在强电解液里的腐蚀。一般情况下，全面腐蚀开始时腐蚀速率较大，且全面腐蚀的危害性较局部腐蚀小，而且可以事先预测。如卫星接收天线锅、暴露在大气中的金属管线等。

(2) 局部腐蚀：腐蚀只集中在金属表面的局部区域，其余部位腐蚀很轻微或几乎没有。局部腐蚀的类型很多，如电偶腐蚀、孔蚀、缝隙腐蚀、选择性腐蚀、应力腐蚀、磨蚀、晶间腐蚀、氢损伤等。

腐蚀对材料的影响和现实危害是多方面的，具体可以从以下几个方面进行阐述：

(1) 腐蚀导致材料的损耗和设备的失效，造成巨大的直接和间接经济损失。

据统计，腐蚀所造成的经济损失已超过火灾、水灾、地震和车祸损失的总和。腐蚀导致的材料损耗相当于金属年产量的10%~40%，其中2/3可再生，30%~40%是可以避免的。

(2) 安全危害：腐蚀可能导致材料的强度、硬度、韧性、延展性和断裂韧性降低，从而降低其使用寿命和可靠性。腐蚀破裂造成的“跑、冒、滴、漏”不仅是资源浪费和环境污染的原因，也是火灾爆炸事故的重要原因之一。例如，因腐蚀导致的设备断裂引发的安全事故在石化行业事故中占比较高。

(3) 腐蚀经常造成环境的严重污染，如硫酸厂、氯碱厂、硝酸厂的腐蚀会造成有害气体的泄漏。腐蚀产物和污垢的形成导致锅炉、换热设备的传热效率降低，消耗大量能源，同时增加了工业废水、废渣的排放，对环境造成污染。

(4) 资源消耗：腐蚀导致大量的材料资源损耗，同时也会浪费大量的能源。据统计，因腐蚀每年有30%的钢铁遭受腐蚀，10%的钢铁将全部变成无用的铁锈。

(5) 阻碍新技术发展：腐蚀问题在高新技术发展过程中会遇到各种新的挑战，如高温、高压环境下的腐蚀问题，以及原油品质劣化引发的湿硫化氢应力腐蚀问题。

综上所述，腐蚀对材料的影响和现实危害是全面且深远的，涉及经济、安全、环境和资源等多个方面，需要通过科学研究不同金属材料腐蚀行为与机理，并选择合适的防护措施。

5.1 铜/钢钎焊接头盐雾腐蚀行为

由于铜/钢异种金属钎焊接头在使用过程中经常暴露在外界，而遭受到空气中的水雾、氧气及环境污染造成的酸雨的腐蚀，因此导致在铜/钢接头上产生电解质而发生严重的腐蚀。在所有腐蚀类型中盐雾腐蚀对接头造成的破坏最为严重，盐雾腐蚀主要发生在沿海地区及内地盐碱地区，这主要是由于在这些地区空气水雾中含有的氯化钠含量更高[74]。为了模拟大自然中的盐雾腐蚀现象，现阶段盐雾腐蚀试验已经发展为人工模拟盐雾环境试验和天然暴露试验两大类[130]。其中天然暴露盐雾腐蚀试验整个试验周期长，需要投入的财力物力更高；然而人工模拟盐雾环境试验24 h的结果就等同于天然暴露腐蚀1年。导致这样的试验结果是人工模拟盐雾试验环境中的盐浓度更高，使得腐蚀速度增加。因此，为了减少实验周期，一般选用中性盐雾腐蚀试验来模拟T2紫铜与Q235A钢钎焊接头的耐蚀性能。通过观察接头宏观形貌和微观组织变化具体分析接头及母材耐腐蚀性能。

以BAg25TS和BAg30T钎料钎焊的铜/钢接头为例，介绍铜/钢钎焊接头盐雾腐蚀行为。按照盐雾试验标准《人造气氛腐蚀试验　盐雾试验》（GB/T 10125—2021）/*Metallic and other inorganic coatings corrosion tests in artifical atmospheres salt mistcfog testing* ISO 9227：2022 对 BAg25TS 钎焊铜/钢接头进行 24 h、96 h、168 h、240 h、480 h 5 个时间的盐雾腐蚀试验[131]。在盐雾腐蚀试验达到每个节点时分别取出每个试验样品，如图 5-1 所示。通过对相关图像的细致观察与分析，可以清晰地发现，随着盐雾腐蚀时间不断地延长，包覆于铜钢钎焊接头之上的黄褐色腐蚀产物呈现出逐渐增多的显著趋势。在同一试验钎焊接头的不同区域进行对比时，能够明显察觉到，位于 Cu 母材这一侧的黄褐色腐蚀产物，其数量与钢侧所呈现出的腐蚀包覆物的数量存在着较大的差异，Cu 母材一侧的黄褐色腐蚀产物，其数量相较于钢侧所呈现出的黑色与黄褐色腐蚀包覆物而言，明显要少许多，这可以侧面表明 Q235A 钢耐腐蚀性能比 Cu 母材差。从宏观角度来看，附着在铜钢钎焊接头的腐蚀产物呈现出疏松的絮状形态。当试样从盐雾试验箱中取出，并在进行清水冲洗的操作过程中，这些腐蚀产物由于其自身结构较为松散，与基体的结合力较弱，故而极其容易从接头表面发生脱落现象，这一特性也在一定程度上反映了该腐蚀产物的附着稳定性较差及其在盐雾环境作用下所形成的特殊结构与性质。

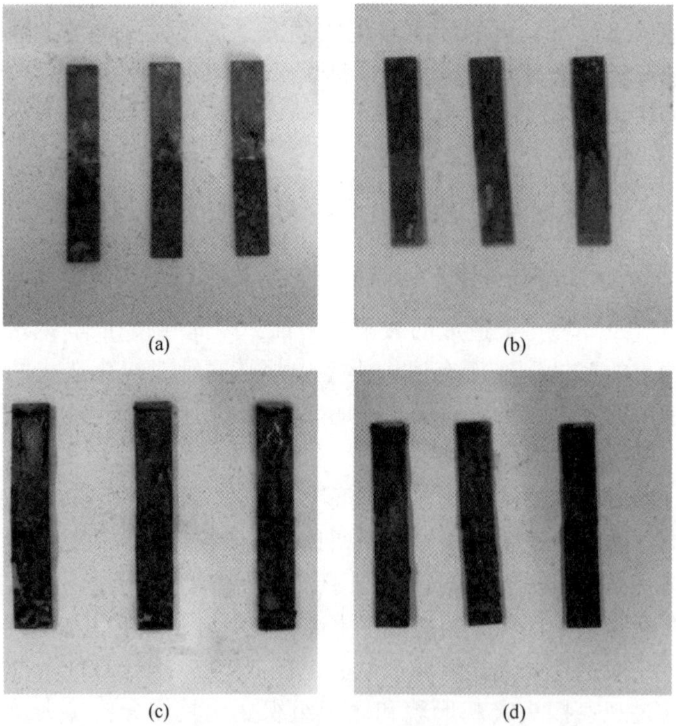

图 5-1　BAg25TS 钎焊接头不同盐雾腐蚀时间的试样

（a）腐蚀 24 h；（b）腐蚀 96 h；（c）腐蚀 168 h；（d）腐蚀 240 h

图 5-2 为 24 h、96 h、168 h、240 h、480 h 5 个时间节点使用 BAg25TS 药芯钎料钎焊铜/钢接头 Fe 侧界面微观组织，可以发现在 Fe 母材侧表面主要由颗粒状和团絮状腐蚀产物组成，而在钎缝处则由层片状和团絮状的腐蚀产物组成。存在于 Fe 侧母材和钎缝的界面，随着盐雾腐蚀时间增加，界面处出现的裂纹逐渐变宽变大，并且深度也在逐渐延伸，随着裂纹逐渐向钎缝内部延伸，这将加快 BAg25TS 钎焊铜/钢接头失效速率，直接导致铜/钢钎焊接头在使用过程中事故率的升高。

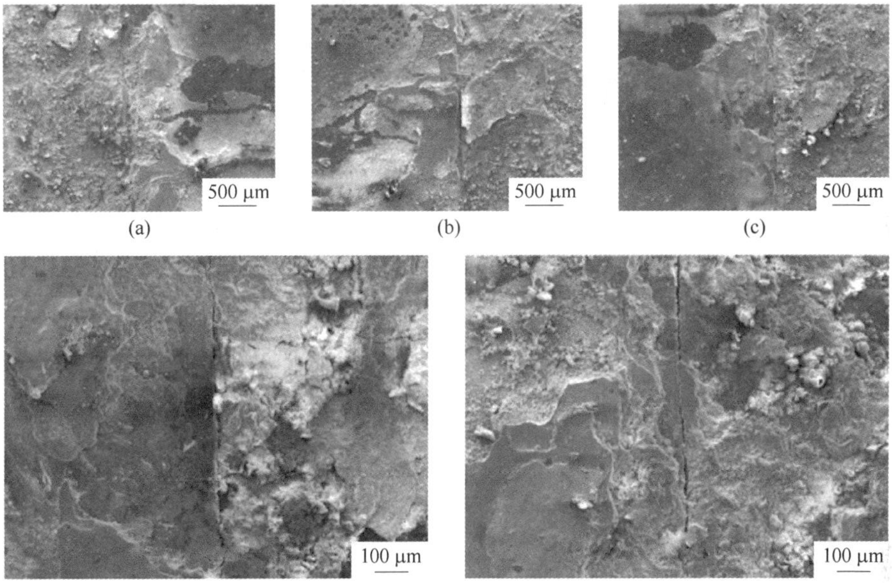

(a) (b) (c) (d) (e)

图 5-2 BAg25TS 钎焊铜/钢接头不同雾时间微观组织

(a) 盐雾腐蚀 24 h；(b) 盐雾腐蚀 96 h；(c) 盐雾腐蚀 168 h；(d) 盐雾腐蚀 240 h；(e) 盐雾腐蚀 480 h

BAg30T 药芯钎料钎焊铜/钢接头不同腐蚀时间的盐雾腐蚀试样如图 5-3 所示。随着腐蚀开始，试样表面开始出现腐蚀物，观察发现腐蚀时间为 24 h 时，腐蚀物大量出现于钢侧，铜侧则有少许腐蚀物，钎缝腐蚀物部分覆盖，钎缝位置清晰可见。腐蚀 96 h 后，钢侧和钎缝完全被腐蚀物覆盖，铜侧只有部分未被覆盖；腐蚀 168 h 后，腐蚀物覆盖面积情况与 96 h 类似，但腐蚀物厚度有所加厚；腐蚀 240 h 后，与 168 h 相比腐蚀物面积与厚度都有所增加；腐蚀 480 h 后，试样全部被腐蚀物覆盖，腐蚀物明显厚厚一层。从腐蚀过程中看出，钢侧的腐蚀较为严重，更易腐蚀。这与电化学腐蚀试验中 Q235A 耐腐蚀性差、铜耐腐蚀性相对较好结论一致。

采用金相显微镜观察的 BAg30T 钎焊铜/钢接头不同盐雾腐蚀时间的形貌如

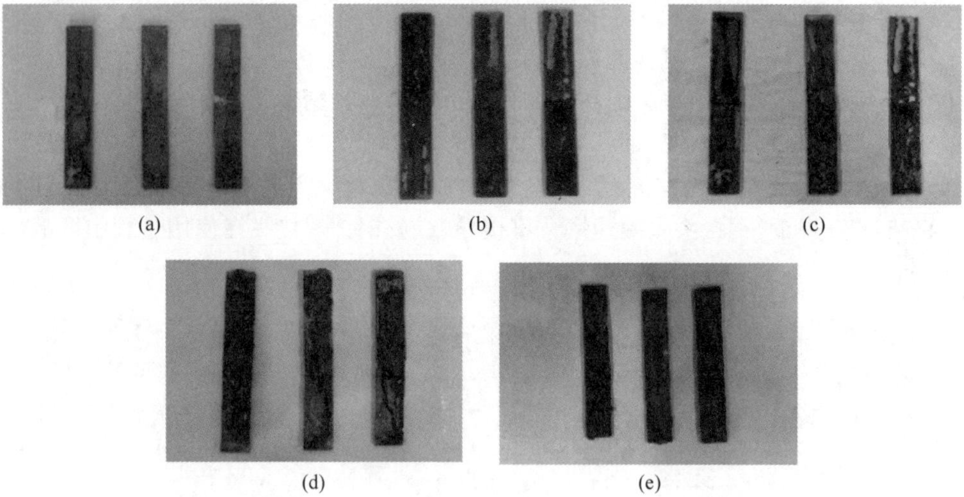

图 5-3　BAg30T 药芯钎料钎焊铜/钢接头不同腐蚀时间的盐雾腐蚀试样
（a）腐蚀 24 h；（b）腐蚀 96 h；（c）腐蚀 168h；（d）腐蚀 240 h；（e）腐蚀 480 h

图 5-4 所示。图 5-4 是未被腐蚀物覆盖的钎缝及钎缝周围母材，由图中照片可知腐蚀后钎缝表面出现了点蚀。图 5-4（a）是腐蚀 24 h 后钎缝表面附着的黑色腐蚀物，同时还可看见在照片右上角出现了点蚀斑，图 5-4（b）腐蚀 96 h 后钎焊焊缝表面产生明显点蚀斑，数量也增加，图 5-4（c）腐蚀 240 h 后钎焊焊缝表面点蚀斑密集且表面积更大。

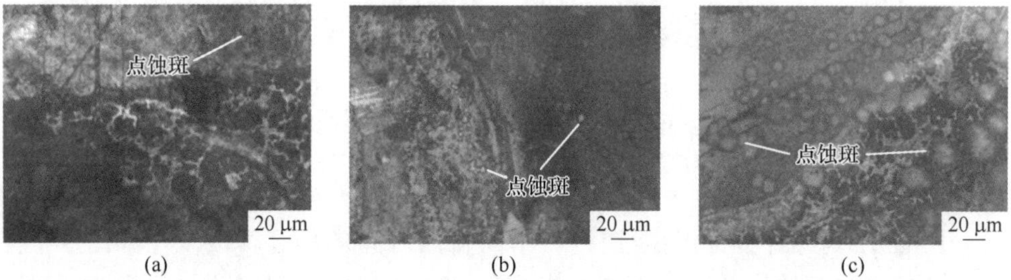

图 5-4　BAg30T 钎焊铜/钢接头不同盐雾腐蚀时间的形貌
（a）腐蚀 24 h；（b）腐蚀 96 h；（c）腐蚀 240 h

点蚀是典型的局部腐蚀；是由于金属在环境介质中经过一段时间后，在金属表面会出现腐蚀孔并向纵深方向发展，而剩下的区域未发生腐蚀，这种腐蚀现象称为点蚀或孔蚀[130-132]。本实验中所采用的钢在含有卤素离子的腐蚀介质中容易形成点蚀[71]。这是由于在金属材料表面的微观组织总存在不均匀性，例如，第二相沉淀、非金属夹杂、氧化膜中的裂隙及某些杂质在晶界的偏析等，而盐雾腐蚀溶液中 Cl^- 容易穿透比较薄弱的钝化膜，并从周围环境介质中吸附各种物质，因此很容易在钎缝薄弱的地方萌生点蚀。当氯离子吸附在这些钝化膜的缺陷处时，便和钝化膜中的阳离子形成可溶性氯化物，这样就在钝化膜上形成活性的溶解点，称为点蚀核。如图 5-4（c）所示钎缝表面已出现明显的点蚀斑，表明已经完成形核阶段，除此之外，点蚀还能够进一步加剧晶间腐蚀等其他类型的局部腐蚀[77, 133]。

图 5-5（a）（b）为腐蚀 24 h、96 h 后的电镜照片，是钎焊接头微观腐蚀形貌，试样表面呈现极不均匀的腐蚀状况，且腐蚀物多覆盖在一侧，腐蚀表面有层状剥落现象发生，腐蚀层有棉球状和絮状颗粒腐蚀物附着，而腐蚀物较少的一侧表面有点蚀。图 5-5（c）（d）为铜/钢钎焊接头腐蚀形貌 168 h、240 h 的电镜照片，腐蚀物大面积呈现棉球状颗粒，且腐蚀面积相较于腐蚀时间 24 h、96 h 明显扩大，并且在疏松的腐蚀物表面生成了裂纹。通过微观表面观察盐雾腐蚀过程中既有点蚀的发生，也有全面腐蚀的发生，腐蚀时间越长全面腐蚀现象更为严重，且腐蚀产物覆盖面积显著增加。

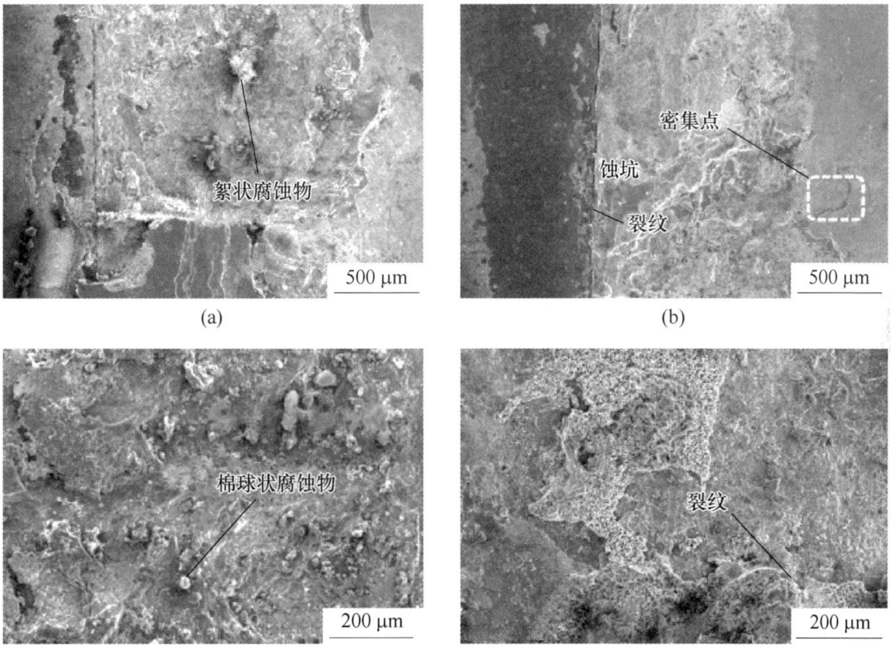

图 5-5　BAg30T 钎焊铜/钢接头腐蚀微观组织

（a）腐蚀 24 h；（b）腐蚀 96 h；（c）腐蚀 168 h；（d）腐蚀 240 h

腐蚀 96 h 后钎焊焊缝表面电镜照片及点扫能谱分析如图 5-6 所示。可以看出，Q235A 钢侧腐蚀物明显，铜侧腐蚀物则很少。O 元素分布在腐蚀物上，说明 O 元素参与了腐蚀的过程，Ag 元素和 Zn 元素分布位置较为集中，原因是 Ag 元素和 Zn 元素是钎料中的元素，应集中分布在钎缝位置，但 Ag 元素和 Zn 元素分布位置较宽超过钎缝，这是由于 Ag 元素和 Zn 元素从钎缝向母材扩散。为进一步探究腐蚀产物的元素含量，对腐蚀物进行点扫能谱分析，其位置如图 5-6（a）中 a、b 点所示，a 点位置腐蚀物呈现棉球状较为稀疏，Fe 元素和 O 元素含量占比很高，并结合相关文献可以判断这些棉球状的腐蚀物主要是 Fe_2O_3、Fe_3O_4，且腐蚀物中含有一定的 Cl 元素，b 点位置腐蚀物呈现絮状较为致密，Fe 元素和 O 元素含量占比也很高，同样含一定 Cl 元素，结合相关文献可以判断这些絮状的腐蚀物也主要是 Fe_2O_3、Fe_3O_4[134]。

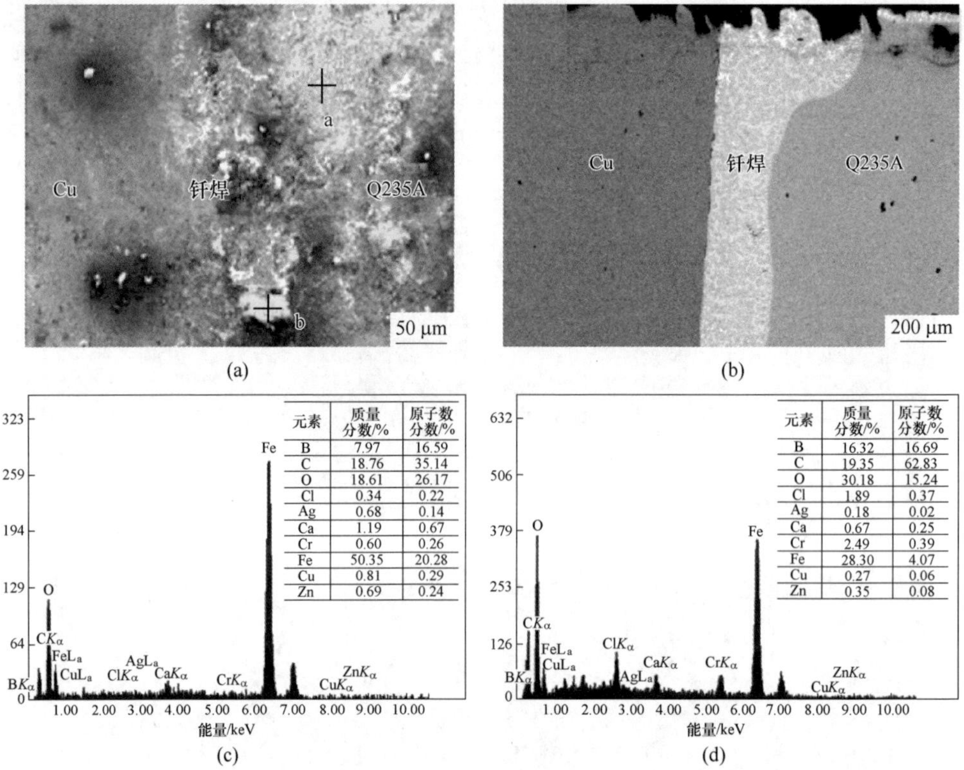

图 5-6　Cu/Fe 钎焊接头盐雾腐蚀形貌及能谱分析结果

(a) 240 h 时钎焊接头腐蚀形貌及点能谱位置；(b) 240 h 时钎焊接头截面腐蚀形貌；
(c) 图 (a) 中 a 点能谱分析结果；(d) 图 (a) 中 b 点能谱分析结果

5.2　铜/钢钎焊接头电化学腐蚀行为

铜/钢钎焊接头在实际应用环境中，尤其是在有电解质存在的情况下，会发生电化学腐蚀[135-137]。这是因为铜和钢的电极电位不同，在电解质溶液中构成了腐蚀原电池。铜的标准电极电位约为+0.34 V（相对于标准氢电极），而钢（主要成分是铁）的标准电极电位约为-0.44V。当它们在电解质溶液（如含有氯离子、硫酸根离子等的水溶液）中接触时，就会形成一个电化学电池。根据能斯特方程，实际电极电位会受到离子浓度、温度等因素的影响。在实际环境中，即使电极电位的差值与标准状态有所不同，但铜和钢之间的电位差依然足以驱动电化学腐蚀过程。电化学腐蚀过程为：

阳极（钢）反应：$Fe \rightarrow Fe^{2+}+2e$，铁原子失去电子变成亚铁离子进入溶液。这些亚铁离子在有氧存在的情况下，会进一步氧化为铁离子 Fe^{3+}，如反应 $4Fe^{2+}+O_2+4H_2 \rightarrow 4Fe^{3+}+H_2O$。

阴极（铜）反应：在中性或碱性环境中，主要的阴极反应是 $O_2+2H_2O+4e \rightarrow 4OH^-$，即氧气得到电子生成氢氧根离子；在酸性环境下，可能会发生 $2H^++2e \rightarrow H_2$ 的反应，不过在铜/钢钎焊接头所处的多数实际环境中，以氧化还原反应为主。

铜/钢接头电化学腐蚀因素有以下几方面。

（1）湿度。湿度是影响铜钢接头电化学腐蚀的关键因素之一。高湿度环境容易在接头表面形成电解质水膜。例如，在相对湿度大于60%的环境中，铜钢接头表面很容易吸附水分形成水膜，从而为电化学腐蚀提供了必要的电解质条件。

（2）温度。温度升高会加速化学反应速率，从而加快铜钢接头的电化学腐蚀速度。同时，温度升高还可能导致水膜的蒸发和浓缩，使电解质溶液中的腐蚀性离子浓度增加。例如，在高温潮湿的环境中，如热带海边地区，铜钢接头的腐蚀速度明显加快。

（3）电解质成分。环境中的电解质成分对腐蚀有很大影响。在含有氯化钠（如海水、盐雾环境）等盐分的环境中，由于氯化钠能增强溶液的导电性，会大大加速铜钢接头的电化学腐蚀。另外，环境中的酸性或碱性物质也会改变电解质溶液的性质，影响腐蚀反应。

（4）金属表面状态。铜钢接头表面的清洁程度、粗糙度等会影响腐蚀。如果金属表面有油污、灰尘等污染物，可能会在局部形成腐蚀微电池。粗糙的金属表面比光滑表面更容易吸附水分和电解质，从而促进腐蚀。例如，经过机械加工后的铜钢接头，如果表面粗糙度较大，在相同的环境下会比表面光滑的接头更容易发生腐蚀。

在电化学腐蚀中一般用腐蚀电位、腐蚀电流密度、电化学阻抗来评估材料耐腐蚀性能[138]。

腐蚀电位（E_{corr}）是在没有外加电流时金属达到一个稳定腐蚀状态时测得的电位，它是被自腐蚀电流所极化的阳极反应和阴极反应的混合电位，此时金属上发生的共轭反应是金属的溶解及去极化剂的还原，即金属在介质中未通过电流时所产生的电位，称为腐蚀电位，也称自然电位或自腐电位或自然腐蚀电位或自腐蚀电位。E_{corr}表示金属腐蚀倾向的物理量，E_{corr}越低说明该金属越容易被腐蚀；该值越高，说明该金属不容易被腐蚀。

腐蚀电流密度（I_{corr}）是指在金属发生电化学腐蚀过程中，单位面积的金属表面上所通过的腐蚀电流的大小。在电化学腐蚀中，金属与周围的电解质溶液发生相互作用，形成了阳极和阴极区域，阳极发生氧化反应，金属原子失去电子变成金属离子进入溶液，阴极发生还原反应，溶液中的某些物质得到电子。这种电子的转移形成了电流，即腐蚀电流，而腐蚀电流密度就是衡量这一电流在单位面积上的大小。腐蚀电流密度是衡量金属耐腐蚀性的重要指标之一。根据法拉第定律，腐蚀电流密度与金属的腐蚀速率成正比关系。通过测量腐蚀电流密度，可以定量地评估金属腐蚀的快慢程度。例如，在使用电化学工作站测量金属在特定电解质溶液中的腐蚀行为时，腐蚀电流密度越大，说明金属的腐蚀速率越快。

腐蚀电位和电流通过极化曲线切向外延方式确定。而动电位极化曲线（Tafel 曲线）是在比较强的电场下测试，拟合区间选取很大，往往误差比较大。因此，在研究合金腐蚀性能的过程中，常用电化学阻抗谱（electrochemical impedance spectroscopy，EIS）来衡量试样的电化学响应机制，以便进一步准确探究合金腐蚀机理。

电化学阻抗谱（EIS）可以反映电极/电解质界面的电化学过程。在腐蚀体系中，金属表面与腐蚀介质（电解质）形成一个界面。当金属发生腐蚀时，在这个界面上会有电荷的转移过程。例如，在金属的阳极溶解过程（腐蚀的一个关键步骤）中，金属原子失去电子变成金属离子进入溶液，这涉及电荷的转移。电化学阻抗能够测量出这个界面的电荷转移电阻，电荷转移电阻是电化学阻抗谱中的一个重要参数，它与腐蚀反应的动力学密切相关。从本质上讲，电荷转移电阻越大，意味着腐蚀反应中电子转移越困难（电阻和腐蚀电流密度成反比，电阻越大，腐蚀电流密度越小，金属的耐腐蚀性越好），从而可以推断出金属的耐腐蚀性能越好，即一般情况下阻抗越大，耐腐蚀性能越好。

电化学腐蚀试验采用标准的三电极体系，其中对 BAg25TS 钎缝电化学试验检测，需要先将 Fe 母材打磨掉，并且使用树脂对试验样品进行镶嵌，露出 1 cm^2 的待测面作为检测面。经过电化学试验检测 BAg25TS 钎焊铜/钢接头的 Tafel 曲线及阻抗如图 5-7 所示。由图 5-7（a）可以发现，BAg25TS 钎缝腐蚀电位介于 Cu 和 Fe 之间，Fe 腐蚀电位最小，同样在图 5-7（b）中，Fe 的阻抗半径最小，Fe 的耐腐性能最差，容易发生腐蚀[139]，并且通过计算得到 BAg25TS 钎缝的腐蚀电流密度为 3.832×10^5 A/cm^2。

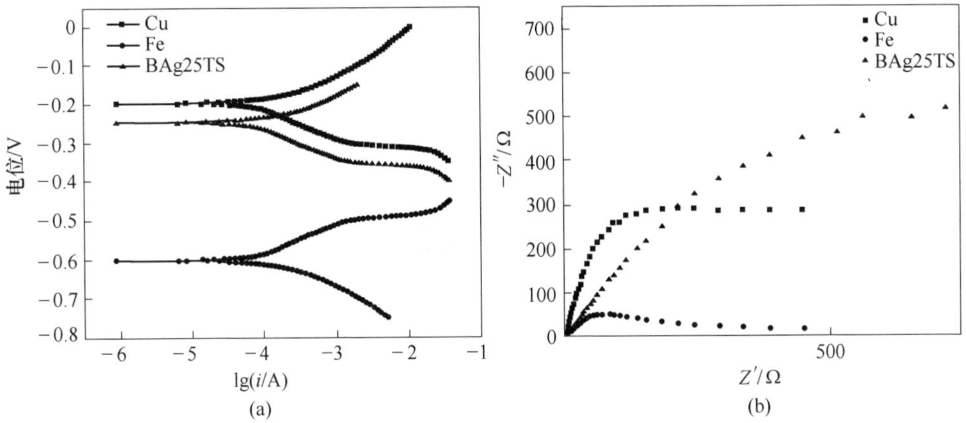

图 5-7 BAg25TS 钎焊铜/钢接头 Tafel 曲线（a）及电化学阻抗曲线（b）

同样对 BAg30T 药芯钎料钎焊的铜/钢接头进行了电化学实验，相关试验结果如图 5-8 所示。Fe 母材、Cu 母材及 BAg30T 钎缝电化学待测试样如图 5-8（c）所示。由图 5-8（a）（b）可知，Fe 基体的腐蚀电位及阻抗与 BAg25TS 钎焊接头一致，同时对 BAg30T 钎缝进行了腐蚀电流密度计算可得腐蚀电流密度为 3.218×10^5 A/cm^2，小于 BAg25TS 钎缝的腐蚀电流密度。因此，BAg30T 钎缝耐腐蚀性更好，腐蚀速度更慢，而 BAg25TS 钎缝由于具有更大的腐蚀电流密度，腐蚀速度更快，耐蚀性更差[140]。这主要是由于 BAg30T 钎料含有富 Ag 相数量更多，耐蚀性更好。

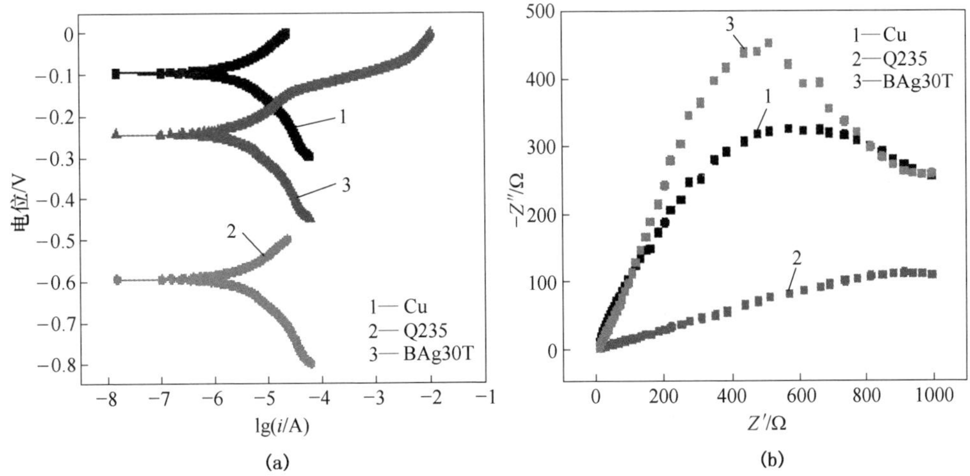

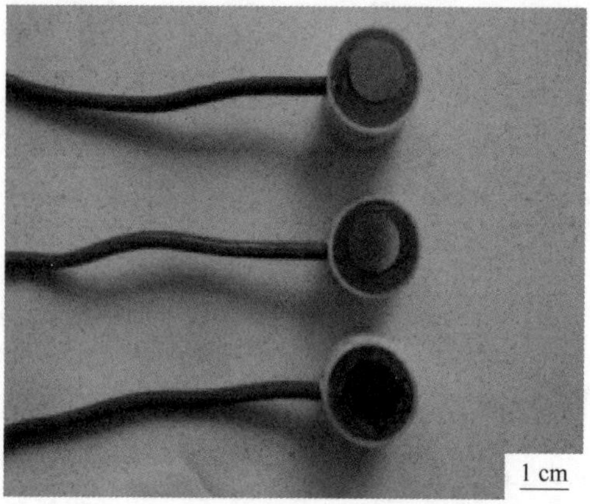

彩图

(c)

图 5-8　BAg30T 钎焊铜/钢接头 Tafel 曲线及电化学阻抗曲线
（a）Tafel 曲线；（b）电化学阻抗曲线；（c）BAg30T 钎缝电化学待测试样

5.3　铜/钢钎焊接头腐蚀后的力学性能

腐蚀会使材料的强度、硬度、韧性、抗疲劳性等降低。金属材料在腐蚀过程中，由于腐蚀产物的形成和金属的溶解，会使材料的有效承载面积减小，从而降低材料的强度[141]。腐蚀产物的硬度较低，不能有效地抵抗外力的作用，且材料的内部产生应力集中和裂纹，从而降低材料的韧性和疲劳性能。对于高分子材料，腐蚀可能导致分子链的断裂和交联，从而改变材料的结构和性能。聚碳酸酯（PC）材料在受到紫外线照射和水解作用时，分子链可能会发生断裂，使材料的强度、韧性降低，在受到油类和化学物质的侵蚀时，可能会发生溶胀和老化，使材料的疲劳性能下降。

将 BAg25TS 和 BAg30T 药芯钎料钎焊的铜/钢接头经过 24 h、96 h、168 h、240 h、480 h 5 个时间节点分别取出，并使用流动清水冲洗然后烘干，使用拉伸试验机进行拉伸试验。两种钎焊接头的拉伸强度如图 5-9 所示，可以看出，随着腐蚀时间的增加两种药芯钎料钎焊的铜/钢接头拉伸强度整体呈下降趋势，其中 BAg25TS 钎焊铜/钢接头出现强度升高现象，经分析是由于钎焊时钎料相较于其他腐蚀时间接头使用量多，在接头熔覆厚厚一层起到对接头的防腐蚀保护作用，而导致钎焊接头升高的现象。同时可以发现腐蚀 24～96 h 拉伸急剧下降，而 BAg30T 钎焊铜/钢接头在该时间段下降缓慢，从钎焊前的 205 MPa 下降到 195 MPa。BAg30T 钎焊铜/钢接头的拉伸强度在腐蚀 96～240 h 时开始剧烈下降，BAg25TS 和 BAg30T 钎焊接头拉伸强度在 240～480 h 的 10 天的腐蚀时间中下降到 62 MPa，因此从拉伸强度前期方面发现 BAg30T 钎料耐蚀性优于 BAg25TS。

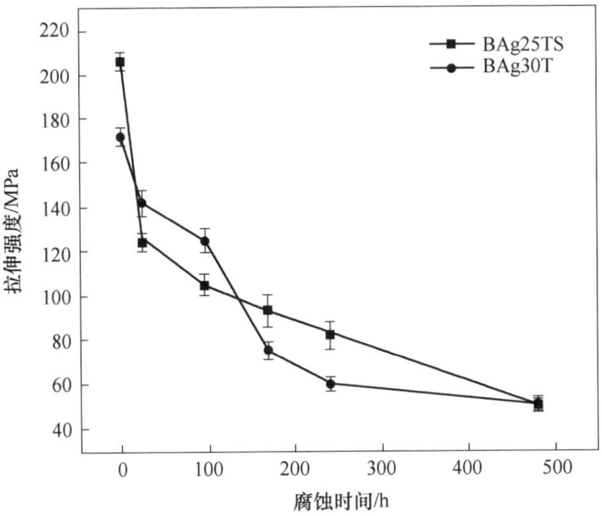

图 5-9 BAg25TS、BAg30T 钎焊接头各盐雾腐蚀时间拉伸强度

5.4 铜/铝钎焊接头盐雾腐蚀行为

盐雾腐蚀是一种常见的大气腐蚀形式，当铜和铝暴露在盐雾环境中时，会发生腐蚀现象。盐雾中含有氯化钠等盐分，在一定湿度条件下形成电解质溶液。

铝在盐雾腐蚀下：通常会出现点蚀现象[142-143]。由于氯离子对铝表面的局部破坏，形成一个个小的腐蚀坑，这些坑会随着时间的推移不断加深和扩大。当腐蚀较为严重时，铝表面会变得粗糙不平，甚至可能出现穿孔现象。

铜在盐雾腐蚀下：会出现均匀腐蚀和局部腐蚀。均匀腐蚀表现为铜表面逐渐变色，例如变成绿色（生成碱式氯化铜等腐蚀产物）。局部腐蚀可能表现为在某些缺陷部位（如划痕、杂质处）形成较深的腐蚀坑。

影响盐雾腐蚀的因素：

（1）盐雾浓度：盐雾浓度越高，溶液中的氯离子等腐蚀性离子越多，铜铝的腐蚀速率越快。例如，在高浓度盐雾环境下，铝表面的氧化膜被破坏的速度更快，腐蚀加剧。

（2）温度：温度升高会加速化学反应速率，从而加快铜铝的盐雾腐蚀速率。同时，温度升高还会导致盐雾溶液的蒸发速度加快，使盐雾中的腐蚀性离子浓度增加，进一步加剧腐蚀。

（3）时间：随着盐雾腐蚀时间的延长，铜铝的腐蚀程度逐渐加重。在腐蚀初期，铝表面的氧化膜会被逐渐破坏，腐蚀速率较快；随着时间的推移，腐蚀产物会在表面堆积，形成一层保护膜，腐蚀速率逐渐降低，但如果盐雾持续作用，腐蚀仍会继续发展。

（4）金属表面状态：如果铜铝表面有划痕、加工缺陷、油污等，这些部位会成为腐蚀的起始点，加速盐雾腐蚀过程。例如，有划痕的铝表面在盐雾环境中更容易发生点蚀。

铜/铝接头盐雾腐蚀危害：

（1）接触电阻增大：在铜铝接头处，盐雾腐蚀会导致金属表面形成腐蚀产物。这些腐蚀产物的导电性通常比铜和铝差很多[144-148]。例如，铝腐蚀后形成的氢氧化铝、氧化铝等腐蚀产物，以及铜腐蚀产生的碱式氯化铜等，都会在接头处堆积。随着腐蚀的进行，这些腐蚀产物会增加铜铝接头之间的接触电阻。在电气设备中，接触电阻的增大会导致局部发热，根据焦耳定律，当电流通过时，在接头处产生过多的热量，这不仅会浪费电能，还可能引发火灾等安全隐患。

（2）信号传输干扰：对于一些用于信号传输的铜铝接头，如在通信设备中，盐雾腐蚀引起的接触不良会导致信号衰减和失真。腐蚀产物的存在可能会改变接头的电容、电感等特性，影响信号的频率响应和传输质量。

（3）强度降低：盐雾腐蚀会使铜铝接头的金属材料逐渐被侵蚀，导致接头的机械强度降低。铝在盐雾腐蚀下容易出现点蚀和晶间腐蚀，使铝的结构变得疏松。铜可能会出现局部腐蚀坑，这些都会削弱接头的承载能力。

（4）连接松动：腐蚀产物的形成还会导致铜铝接头的连接松动。随着腐蚀产物在接头处的堆积，会产生体积膨胀，使原本紧密连接的铜铝部件之间产生间隙。例如，在螺栓连接的铜铝接头中，由于腐蚀产生的膨胀力可能会使螺栓松动，进一步影响接头的机械连接可靠性。

（5）使用寿命缩短：无论是电气设备还是机械结构中的铜铝接头，盐雾腐蚀都会加速其老化过程。例如，在海边的电气设备或者户外的机械装置中，如果铜铝接头没有适当的防护，可能会因为盐雾腐蚀而在几年甚至更短的时间内失效，这大大增加了设备或结构的维修和更换成本。

（6）外观损坏和功能失效：盐雾腐蚀会使铜铝接头的外观发生明显变化。铜表面可能会出现绿色（如碱式氯化铜的颜色）、黑色（氧化铜）等腐蚀产物的颜色，铝表面可能会变得粗糙、暗淡，出现白色或灰色的腐蚀斑点。这些外观变化不仅影响设备或结构的美观，还可能是内部腐蚀严重程度的一个外在信号。在一些对外观有要求的设备中，如装饰性的金属制品或精密仪器的外壳，盐雾腐蚀导致的外观损坏可能会使产品失去其原有的功能或价值。而且，如前面提到的电气和机械性能下降，最终会导致接头的功能完全失效，例如在汽车的电气系统中，铜铝接头的腐蚀可能会使汽车的某些电器元件无法正常工作。

使用药芯钎料钎焊的铜/铝异种接头在不同盐雾腐蚀时间下的宏观形貌如图

5-10 所示。由图 5-10 可知，随着盐雾时间的增长，Al 侧母材表面附着的腐蚀产物逐渐增多，并逐渐向 Cu 侧扩展。盐雾腐蚀时间为 168 h，在 Cu 母材侧开始产生块状腐蚀产物。相较于相同腐蚀时间的 Al 母材侧腐蚀产物，Cu 侧腐蚀产物面积更小，颜色为深灰色。随着腐蚀时间增加，Cu 母材侧腐蚀产物面积也呈增长趋势，但仍以点蚀为主。

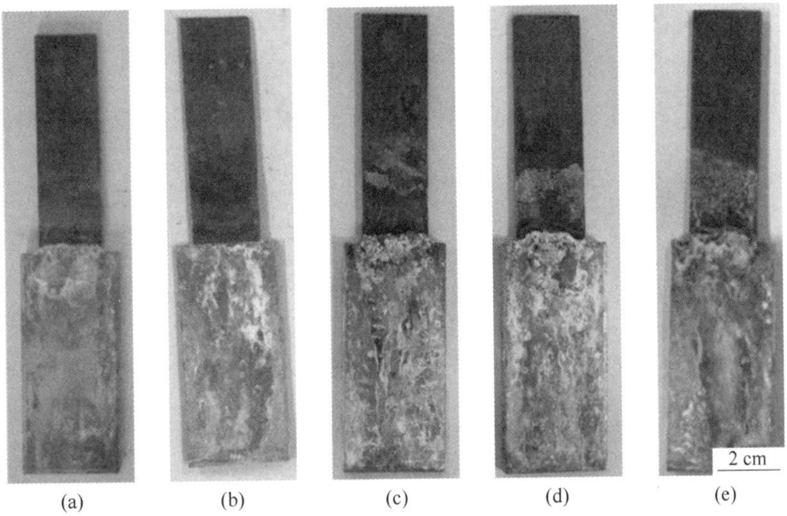

图 5-10 不同盐雾腐蚀时间下铜/铝接头腐蚀形貌

(a) 24 h；(b) 96 h；(c) 168 h；(d) 240 h；(e) 480 h

基于盐雾宏观腐蚀形貌可知，钎焊接头中，钎缝和铝合金处腐蚀较严重。本质上钎缝也属于铝合金。在盐雾腐蚀条件下，阴极反应如下：

$$2H_2O + 2e \longrightarrow H_2 + 2OH^-$$

$$2H_2O + O_2 + 4e \longrightarrow 4OH^-$$

盐雾腐蚀条件下，阳极发生的氧化反应如下：

$$Al \longrightarrow Al^{3+} + 3e$$

$$Al^{3+} + 3OH^- \longrightarrow Al(OH)_3$$

Al^{3+}和 OH^-在局部腐蚀位置结合形成腐蚀沉积层 $Al(OH)_3$。腐蚀沉积层的形成有效抑制了外界和局部腐蚀内部物质的传输，形成闭塞的原电池腐蚀。

从图 5-11 可以明显看到在钎缝的 Al 侧界面形成了深度达到 170 μm 的点腐蚀坑，这与上述 Al 侧界面耐腐蚀性低的结论一致。

图 5-12 为 96 h 盐雾腐蚀的腐蚀裂纹扩展路径形貌，图 5-12（b）为图 5-12（a）的高倍像。可以明显观测到在 Al 侧与钎缝界面已经生成了裂纹，同时也可以看到腐蚀裂纹沿着 α-Al 继续扩展。

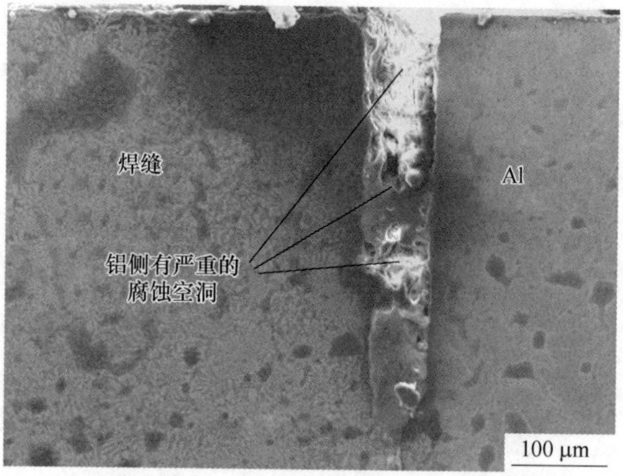

图 5-11　盐雾腐蚀后铜/铝接头微观组织

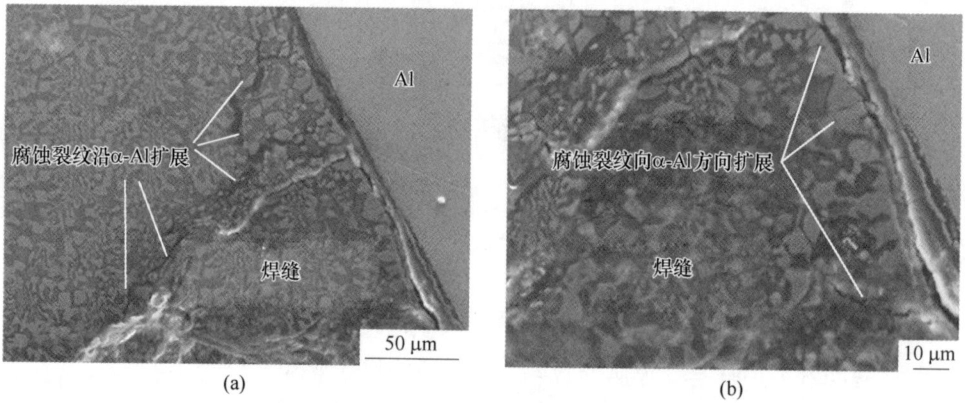

图 5-12　盐雾腐蚀 96 h 钎焊接头中的腐蚀裂纹微观组织
（a）低倍；（b）高倍

5.5　铜/铝钎焊接头电化学腐蚀行为

铜和铝在电解质溶液中具有不同的电极电位。当铜和铝在电解质溶液（如潮湿的空气、含有盐分的水等）中接触时，就会形成一个原电池。在这个原电池中，铝作为阳极，发生氧化反应：$Al = Al^{3+} + 3e$，铝原子失去电子变成铝离子进入溶液，导致铝逐渐被腐蚀[149]。而铜作为阴极，发生还原反应，其阴极反应取决于电解质溶液的成分。

析氢腐蚀（酸性环境）：如果电解质溶液呈酸性，阴极反应为 $2H^+ + 2e = 2H_2$。

例如，在含有少量酸性物质的潮湿环境中，铜铝接触处可能会发生析氢腐蚀。吸氧腐蚀（中性或弱酸性环境）：在大多数自然环境中，电解质溶液为中性或弱酸性，阴极反应为 $O_2+2H_2O+4e═4OH^-$。这种吸氧腐蚀是铜铝接触时较为常见的腐蚀形式。

影响铜/铝接头电化学腐蚀因素有以下几种：

（1）湿度。环境湿度越大，越容易在铜铝表面形成电解质水膜，从而促进电化学腐蚀。

（2）温度。温度升高会加速化学反应速率，使腐蚀过程加快。在高温高湿环境下，铜铝的电化学腐蚀更为严重。

（3）电解质成分。环境中的电解质成分对腐蚀有很大影响。铜铝表面的清洁程度、粗糙度等会影响腐蚀。

铜/铝接头电化学腐蚀危害：在电器连接中，铜铝直接连接时，由于电化学腐蚀产生的腐蚀产物会增加接触电阻。例如，在电力线路的接线端子处，如果是铜铝连接，随着腐蚀的进行，接触电阻增大，会导致局部过热，甚至引发火灾等严重事故。对于一些铜铝结构件，如在建筑或机械中的应用，电化学腐蚀会使铝部件逐渐被腐蚀变薄，导致结构强度降低，影响整体的安全性和使用寿命。

母材及钎料的极化曲线如图 5-13 所示，根据动电位极化曲线得到的电化学参数见表 5-1。从极化曲线可以看出，Cu 的腐蚀电位（E_{corr}）最高，其次是钎缝，Al 的腐蚀电位（E_{corr}）最低。对于金属材料，自腐蚀电位主要与合金元素组成及相的分布形态有关。从表 5-1 可以看出，Cu 的腐蚀电流密度 I_{corr}最大。一般而言，腐蚀电压越高，电流密度越大，合金的抗腐蚀性能越差。这一结果与盐

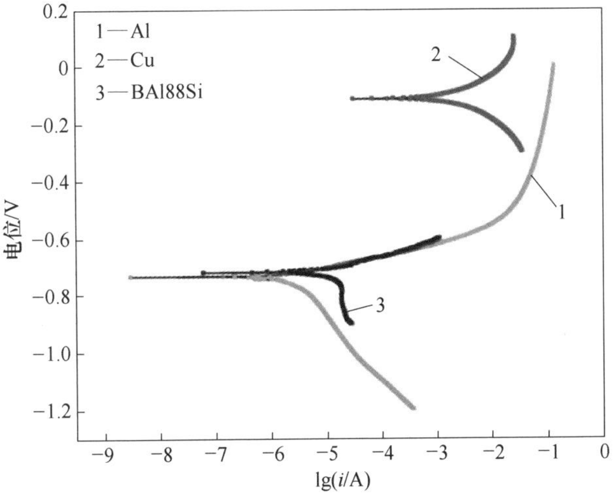

彩图

图 5-13　Cu、Al 和钎料的极化曲线

雾试验获得的耐蚀性结果不一致。主要原因是钎焊接头在盐雾腐蚀条件下，不同位置间由于腐蚀电位差会形成电偶腐蚀，因电化学性能测试是分开测定的，未形成电偶腐蚀。钎焊接头在盐雾腐蚀环境中，Cu、Al 及钎缝间会形成腐蚀原电池。Al 和钎缝由于腐蚀电位较低，为阳极，优先腐蚀。因此，Al 和钎缝的耐蚀性较差，Cu 表现出较好的耐腐蚀性。

表 5-1　焊接接头不同位置在剥落腐蚀溶液中的电化学参数

试　样	E_{corr}(Ag/AgCl)/mV	I_{corr}/A · cm^{-2}	β_a/mV · dec^{-1}
3003Al	−0. 732	2. 739×10^6	22. 263
T2 紫铜	−0. 153	1. 193×10^3	7. 387
钎缝	−0. 718	1. 838×10^5	15. 131

有研究表明，形成电偶腐蚀需满足三个基本条件：（1）材料自腐蚀电位具有明显差异性；（2）具有不同自腐蚀电位的材料实现电连接；（3）需要合适的腐蚀介质，以实现离子导电通路。钎焊接头在盐雾腐蚀条件下满足电偶腐蚀的三个条件下，钎焊接头在盐雾腐蚀下不同位置间会形成电偶腐蚀。

图 5-14 为钎焊接头不同位置的电化学阻抗谱。从图 5-14（a）所示的尼奎斯特曲线可知，钎焊接头不同位置试样的尼奎斯特曲线主要由容抗弧组成。研究表

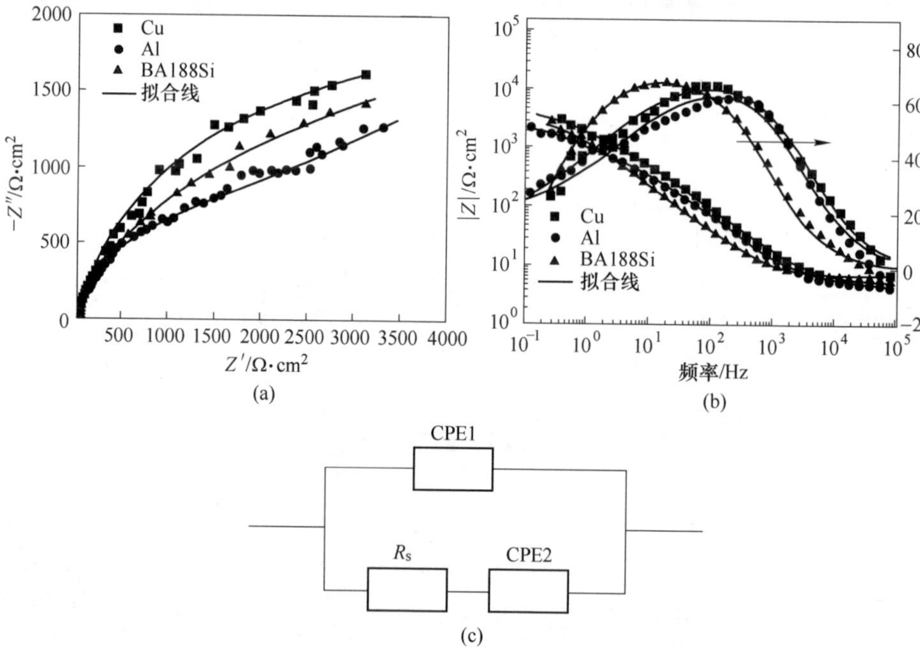

图 5-14　钎焊接头的阻抗谱

（a）尼奎斯特图；（b）波特图；（c）等效电路

明，容抗弧半径越大，耐蚀性越好，这一现象与盐雾腐蚀试验结果相一致。此外，图 5-14（b）所示的波特图可以看出，所有的相位角都小于 90°，基于此现象可知理想电容与试样的电化学界面之间有一定的差异性。图 5-14（c）为用来分析电化学腐蚀过程的等效电路，相关电化学参数通过 Zsimpwin 软件获得，见表 5-2，其中 R_s 是溶液电阻，此外需要说明的是，为了使拟合更加准确，在等效电路中引入常相位角元器件（CPE）。这是因为在实际电化学腐蚀过程中，很少有纯电容行为出现。目前，有关非理想纯电容行为的解释有许多不同的观点，可能与工作电极表面的非均匀分布有关。CPE 可以由以下公式定义：

$$Z_{\mathrm{CPE}} = \frac{1}{Y(j\omega)^n}$$

式中，Y 为 CPE 的量纲；j 为序数；$\omega = 2\pi f$（ω 代表角频率，rad/s；f 为频率，Hz）；n 代表电容的无量纲指数。特殊情况下，当 $n=1$，CPE 代表纯电容；当 $n=0$ 代表一个纯电阻。在电化学阻抗图分析中，常相位角元器件（CPE）中 Y 值常用来评估材料的腐蚀敏感性，Y 值越大，耐蚀性越好。这一变化规律与盐雾腐蚀试验结果相吻合。

表 5-2 由阻抗谱获得的钎焊接头的相关电化学参数

试样	R_s /kΩ · cm²	CPE1		CPE2	
		Y_0 $10^{-5} \cdot \Omega^{-1} \cdot cm^{-2} \cdot s^{-n}$	n ($0<n<1$)	Y_0 $10^{-5} \cdot \Omega^{-1} \cdot cm^{-2} \cdot s^{-n}$	n ($0<n<1$)
铜合金	5.13	24.80	0.80	8.65	0.79
BAl88Si	4.84	4.78	0.81	6.36	0.79
铝合金	5.80	4.48	0.80	2.51	0.72

5.6 铜/铝钎焊接头腐蚀后力学性能

为准确评估使役条件下铜/铝异种钎焊接头的可靠性，对不同盐雾腐蚀时间的试样进行力学性能测试，结果如图 5-15 所示。可以看出，随着盐雾腐蚀时间的增长，其总体抗拉强度出现明显下降。在腐蚀时间达到 96 h，其抗拉强度降低近 50%。当腐蚀时间为 240 h，其抗拉强度下降近 75%。钎焊接头抗拉强度的降低，主要与钎缝及铝合金侧的腐蚀有关。

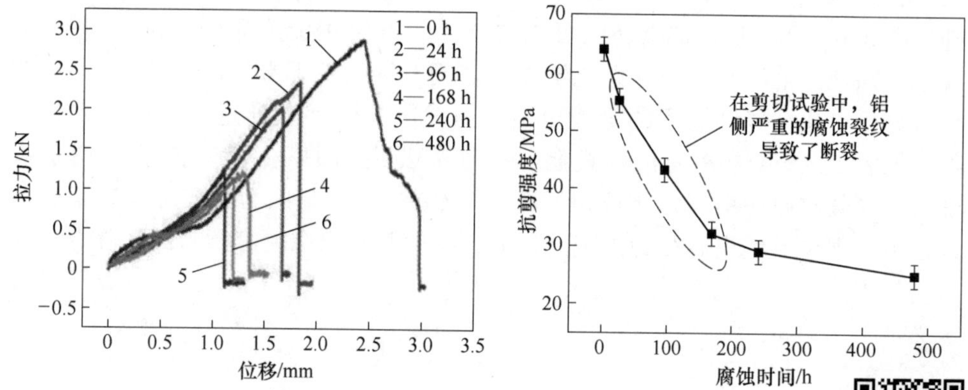

(a)　　(b)

彩图

图 5-15　不同盐雾腐蚀条件下钎焊接头力学性能

（a）接头位移载荷曲线；（b）接头抗拉强度变化

5.7　异质金属钎焊接头腐蚀及失效机理

盐雾腐蚀实验通常模拟了盐雾环境对焊接接头的长期侵蚀影响。铜/铝钎焊接头在盐雾环境下可能表现出明显的局部腐蚀，尤其是在接头区域的界面部分。这些区域由于焊接过程中金属的不均匀性，可能成为腐蚀的“弱点”。腐蚀产物通常为氧化铜和氧化铝，以及可能形成的铜铝合金或铜铝化合物。这些产物可能会引起接头区的增厚，降低材料的强度和耐腐蚀性。

通过电化学实验（如极化曲线）可以获得铜/铝钎焊接头的腐蚀电位和腐蚀速率。这些实验可能显示出钎焊接头的腐蚀速率较高，尤其在铝和铜之间的接头界面处，电位差可能促进了局部电池的形成，导致加速腐蚀。在腐蚀过程中，铝可能先于铜发生氧化，形成铝氧化膜，而铜则可能在局部环境中暴露出其原始金属表面，进而参与电化学腐蚀反应。电化学实验结果可能表明，铜/铝钎焊接头的腐蚀速率与焊接接头的微观结构、钎料的类型及钎焊工艺密切相关。

力学性能实验（如拉伸试验、硬度测试等）可能显示出腐蚀对铜/铝钎焊接头力学性能的显著影响。腐蚀可能导致接头区域的强度下降，尤其是在盐雾腐蚀和电化学腐蚀的共同作用下，接头的断裂韧性和抗拉强度可能大幅降低。力学实验可能揭示，腐蚀引起的失效机制主要为接头区域的局部破坏。随着腐蚀深度的增加，焊接区域的界面可能逐渐变得脆弱，导致接头失效。腐蚀引起的微裂纹扩展可能是失效的主要原因，尤其是在应力作用下。

铜/铝钎焊接头的腐蚀行为表现为在盐雾腐蚀、电化学腐蚀和力学作用下接头区域逐渐恶化。盐雾腐蚀实验揭示了局部腐蚀的发生，电化学实验则确认了腐蚀速率较高的区域及其电化学反应，力学性能实验进一步表明腐蚀对接头的强度和韧性产生了负面影响，最终导致接头失效的机制主要包括腐蚀引起的局部材料退化、微裂纹扩展及接头界面的破坏。

参考文献

[1] 高禄，栗卓新，李国栋，等．铜-钢异种金属焊接的研究现状和进展［J］．焊接，2006（12）：16-19.

[2] 王厚勤，曹健，张丽霞，等．铜合金与钢连接技术研究进展［J］．焊接技术，2009，38（3）：1-5.

[3] 虞钢，赵树森，张永杰，等．异种金属激光焊接关键问题研究［J］．中国激光，2009，36（2）：261-268.

[4] SUN Z，ION J C. Laser welding of dissimilar metal combinations［J］. Journal of Materials Science，1995，30：4205-4214.

[5] 潘雄．到2020年我国有9种矿产资源严重短缺［J］．功能材料信息，2008（2）：41.

[6] 张小红．世界铜铝铅锌产量、消费量统计［J］．世界有色金属，2008（7）：68-69.

[7] 黄伯云．我国有色金属材料现状及发展战略［J］．中国有色金属学报，2004，14（z1）：122-127.

[8] 杨征．“以铝节铜”引领电缆业创新发展［J］．中国有色金属，2014（4）：40-41.

[9] PATRA S，ARORA K S，SHOME M，et al. Interface characteristics and performance of magnetic pulse welded copper-steel tubes［J］. Journal of Materials Processing Technology，2017，245：278-286.

[10] 龙伟民，张青科，朱坤，等．绿色钎焊材料及无害化钎焊技术的发展［J］．焊接，2014（1）：3-7.

[11] ZHANG L X，FENG J C，LIU H B. High frequency induction brazing of TiC cermets to steel with Ag-Cu-Zn foil［J］. Materials Science and Technology，2008，24（5）：623-626.

[12] 吴永智，宁立芹，毛建英，等．Al/Cu异种接头钎焊和扩散焊的研究进展［J］．新技术新工艺，2010（6）：56-58.

[13] FENG J I，XUE S，LOU J，et al. Microstructure and properties of Cu/Al joints brazed with Zn-Al filler metals［J］. Transactions of Nonferrous Metals Society of China，2012，22（2）：281-287.

[14] WANG X，LI X，YAN F，et al. Effect of heat treatment on the interfacial microstructure and properties of Cu-Al joints［J］. Welding in the World，2017，61：187-196.

[15] IKEDA Y，MANCIAS J，GAN B，et al. Evidence of room-temperature shear-deformation in a Cu-Al intermetallic［J］. Scripta Materialia，2021，190：126-130.

[16] WANG X，LI X，WANG C. Effect of two-step heating process on joint microstructure and properties during transient liquid phase bonding of dissimilar materials［J］. Materials Science and Engineering：A，2013，560：711-716.

[17] 李亚江，王娟，刘鹏，等．异种难焊材料的焊接及应用［M］．北京：化学工业出版社，2004.

[18] 周振丰．焊接冶金学［M］．北京：机械工业出版社，1995.

[19] 杨武雄．高强铝合金的激光填粉焊接［D］．北京：北京工业大学，2004.

[20] 刘会杰．焊接冶金与焊接性［M］．北京：机械工业出版社，2007.

[21] 刘会杰，沈俊军．铝/铜异种材料的焊接研究［J］．焊接，2009（3）：14-18.

[22] 李亚江．焊接冶金学［M］．北京：机械工业出版社，2007.

[23] HUANG S, LONG W, LU Q, et al. Research on the corrosion resistance of Cu-Al joints brazed with flux-cored Zn-2Al filler metal［J］. Materials Research Express, 2019, 6（5）: 56560.

[24] 李志勇，周利，何至正，等．激光功率对铝/黄铜熔钎焊接头组织和性能的影响［J］．中国有色金属学报，2021，31（3）：669-681.

[25] SADEGHIAN A, IQBAL N. A review on dissimilar laser welding of steel-copper, steel-aluminum, aluminum-copper, and steel-nickel for electric vehicle battery manufacturing［J］. Optics & Laser Technology, 2022, 146: 107595.

[26] MA B, GAO X, HUANG Y, et al. Effect of different pulse shapes on the laser welding of aluminum and copper［J］. Optics & Laser Technology, 2024, 171: 110312.

[27] MA B, GAO X, HUANG Y, et al. A review of laser welding for aluminium and copper dissimilar metals［J］. Optics & Laser Technology, 2023, 167: 109721.

[28] 彭迟，程东海，陈益平，等．铜/钢异种材料等离子弧焊接头显微组织分析［J］．材料科学与工艺，2015（4）：105-110.

[29] 程东海，邵景辉，陈益平，等．铜钢异种材料等离子弧焊接头性能［J］．焊接学报，2012，33（9）：97-100.

[30] KAR J, DINDA S K, ROY G G, et al. X-ray tomography study on porosity in electron beam welded dissimilar copper-304SS joints［J］. Vacuum, 2018, 149: 200-206.

[31] POO-ARPORN Y, DUANGNIL S, BAMRUNGKOH D, et al. Gas tungsten arc welding of copper to stainless steel for ultra-high vacuum applications［J］. Journal of Materials Processing Technology, 2020, 277: 116490.

[32] KURYNTSEV S V, MORUSHKIN A E, GILMUTDINOV A K. Fiber laser welding of austenitic steel and commercially pure copper butt joint［J］. Optics and Lasers in Engineering, 2017, 90: 101-109.

[33] CHENG Z, LIU H, HUANG J, et al. MIG-TIG double-sided arc welding of copper-stainless steel using different filler metals［J］. Journal of Manufacturing Processes, 2020, 55: 208-219.

[34] FAN D, YANG N, HUANG J, et al. Plasma arc welding-brazing of aluminum to copper with SiO_2 nanoparticles strengthening［J］. Journal of Manufacturing Processes, 2021, 69: 253-260.

[35] YANG T, GAO H, ZHANG S, et al. Interface behavior of copper and steel by plasma-MIG hybrid arc welding［J］. Acta Metallurgica Sinica (English Letters), 2013, 26: 328-332.

[36] MITRU A, SEMENESCU A, SIMION G, et al. Study on the weldability of copper—304L stainless steel dissimilar joint performed by robotic gas tungsten arc welding［J］. Materials, 2022, 15（16）: 5535.

[37] 林尚扬，关桥．我国制造业焊接生产现状与发展战略研究［J］．机械工人（热加工），2004（8）：16-20.

[38] 夏春智，李亚江，王娟. Cu/Al 异种金属连接的研究现状 [J]. 焊接，2008 (1)：17-20.

[39] WANG X, LI X, WANG C. Influence of diffusion brazing parameters on microstructure and properties of Cu/Al joints [J]. Journal of Manufacturing Processes, 2018, 35: 343-350.

[40] 张启运，等. 钎焊手册 [M]. 北京：机械工业出版社，2008.

[41] ZHANG M. Effects of interfacial reactions on microstructures and mechanical properties of 3003 Al/T2 Cu and 1035 Al/T2 Cu brazed joints [J]. Crystals, 2020, 10 (4): 248.

[42] XIA C, LI Y, PUCHKOV U A, et al. Microstructure and phase constitution near the interface of Cu/Al vacuum brazing using Al-Si filler metal [J]. Vacuum, 2008, 82 (8): 799-804.

[43] LI H, FENG Y, SHEN W, et al. Microstructure and mechanical properties of Cu/Al joints brazed using (Cu, Ni, Zr, Er)-modified Al—Si filler alloys [J]. Transactions of Nonferrous Metals Society of China, 2022, 32 (11): 3623-3634.

[44] 张满. Al、Ag 对 Zn-Al 钎料性能的影响及相关机理研究 [D]. 南京：南京航空航天大学，2012.

[45] 刘正林，杨凯珍，尹登峰. 铝铜钎焊用 Zn-Al 钎料的研究 [J]. 热加工工艺，2009，38 (11)：123-125.

[46] 刘正林. 铝铜钎焊用 Zn-Al 钎料及其焊接工艺的研究 [D]. 长沙：中南大学，2009.

[47] 龙飞，胡庆贤，张子雄，等. 1060 铝钎缝耐腐蚀性分析 [J]. 焊接学报，2015，36 (7)：30-34.

[48] WANG F, XIONG B, ZHANG Y, et al. Effect of Cu addition on microstructure and corrosion behavior of spray-deposited Zn-30Al alloy [J]. Materials Science and Engineering: A, 2012, 532: 100-105.

[49] 殷祚炷，孙凤莲. 铜铝钎焊接头腐蚀机理分析 [J]. 焊接学报，2017，38 (10)：121-124.

[50] 王凯，刘正林，杨凯珍. 铜/铝钎焊用 Zn-Al 钎料的电化学腐蚀性能研究 [J]. 热加工工艺，2011，40 (23)：14-16.

[51] 冯立臣. 铜/铝感应钎焊接头的界面行为及耐腐蚀性能研究 [D]. 哈尔滨：哈尔滨理工大学，2015.

[52] 冯印典. Al-Si-Cu-Ni 基钎料钎焊 Cu/Al 接头的组织及性能研究 [D]. 杭州：浙江工业大学，2021.

[53] 吴奭登，陈静，梁永纯，等. 铜铝钎焊接头盐雾腐蚀行为研究 [J]. 物理测试，2012 (1)：49-53.

[54] YE Z, HUANG J, YANG W, et al. Corrosion behaviors in the brazed seam of Al/Cu dissimilar joints brazed by Zn-Al alloys [J]. Welding in the World, 2020, 64: 1023-1031.

[55] YE Z, YANG H, HUANG J, et al. A novel Zn-Al-Si corrosion resistant filler metal for Cu/Al brazing [J]. Materials Letters, 2017, 206: 201-204.

[56] YE Z, HUANG J, YANG H, et al. Effect of Si addition on corrosion behaviors of Cu/Al dissimilar joint brazed with novel Zn-Al-xSi filler metals [J]. Journal of Materials Research and Technology, 2019, 8 (6): 5171-5179.

[57] 陈国财．铝/铜异种材料激光熔钎焊接头腐蚀行为研究［D］．南昌：南昌航空大学，2022.

[58] 胡晓华．烧结工艺对电磁压制 Ag-Cu-Zn-Sn 钎料焊接性能影响的研究［D］．武汉：武汉理工大学，2016.

[59] 吴定才．现代表面镀覆技术［J］．汽车运用，2007（3）：35-36.

[60] 王星星．过饱和银铜锌锡钎料的镀覆制备及其钎焊工艺性研究［D］．北京：机械科学研究总院，2015.

[61] JATTAKUL P，KANLAYASIRI K. Brazing of curved copper sheets using CuNiSnP amorphous filler metal［J］. Journal of Alloys and Compounds，2019，803：610-617.

[62] 李刚．快速凝固非晶 Cu-P 钎料的制备及性能研究［D］．兰州：兰州理工大学，2004.

[63] 李志锋．TiAl 基合金用钛基非晶箔带钎料制备及钎焊工艺研究［D］．广州：华南理工大学，2018.

[64] 邹家生，许祥平，王磊．微量 B 元素对 Cu-P 基急冷钎料润湿性的影响［J］．焊接学报，2011，32（9）：69-72.

[65] LIANG Y，KONG J，DONG K，et al. Microstructure evolution and mechanical properties of vacuum brazed ZrO_2/Ti-6Al-4V joint utilizing a low-melting-point amorphous filler metal［J］. Vacuum，2021，192：110456.

[66] 王蒙，张冠星，钟素娟，等．低熔合金粉末对药芯银钎料钎焊过程的影响［J］．稀有金属材料与工程，2021，50（8）：2859-2866.

[67] 龙伟民，路全彬，何鹏，等．钎焊过程原位合成 Al-Si-Cu 合金及接头性能［J］．材料工程，2016，44（6）：17-23.

[68] 龙伟民，张冠星，张青科，等．原位合成高强度 ZnAgCu 钎料研究［J］．焊接，2015（7）：6-9.

[69] 龙伟民，张冠星，张青科，等．钎焊过程原位合成高强度银钎料［J］．焊接学报，2015（11）：1-4.

[70] LONG W，ZHANG G，ZHANG Q. In situ synthesis of high strength Ag brazing filler metals during induction brazing process［J］. Scripta Materialia，2016，110：41-43.

[71] XUE P，ZOU Y，HE P，et al. Development of low silver AgCuZnSn filler metal for Cu/steel dissimilar metal joining［J］. Metals，2019，9（2）：198.

[72] HODÚLOVÁ E，LI H，SAHUL M，et al. Electron beam brazing of AISI 304 and copper dissimilar materials［J］. Welding in the World，2021：1-11.

[73] SISAMOUTH L，HAMDI M，ARIGA T. Investigation of gap filling ability of Ag-Cu-In brazing filler metals［J］. Journal of Alloys and Compounds，2010，504（2）：325-329.

[74] CAO J，ZHANG L X，WANG H Q，et al. Effect of silver content on microstructure and properties of brass/steel induction brazing joint using Ag-Cu-Zn-Sn filler metal［J］. Journal of Materials Science & Technology，2011，27（4）：377-381.

[75] GENG Y，ZHANG Y，SONG K，et al. Effect of Ce addition on microstructure evolution and precipitation in Cu-Co-Si-Ti alloy during hot deformation［J］. Journal of Alloys and

Compounds, 2020, 842: 155666.
[76] YU H, ZHANG L, CAI F, et al. Microstructure and mechanical properties of brazing joint of silver-based composite filler metal [J]. Nanotechnology Reviews, 2020, 9 (1): 1034-1043.
[77] XIA C, SUN W, ZHOU Y, et al. Thermal fatigue damage and residual mechanical properties of W-Cu/Ag-Cu/1Cr18Ni9 brazed joint [J]. Journal of Alloys and Compounds, 2018, 741: 155-160.
[78] CHELIKOWSKY J R, ANDERSON K E. Melting point trends in intermetallic alloys [J]. Journal of Physics and Chemistry of Solids, 1987, 48 (2): 197-205.
[79] HOU J, PENG Q J, LU Z P, et al. Effects of cold working degrees on grain boundary characters and strain concentration at grain boundaries in Alloy 600 [J]. Corrosion Science, 2011, 53 (3): 1137-1142.
[80] JIN Y J, LU H, YU C, et al. Study on grain boundary character and strain distribution of intergranular cracking in the CGHAZ of T23 steel [J]. Materials Characterization, 2013, 84: 216-224.
[81] GUO E, SHUAI S, KAZANTSEV D, et al. The influence of nanoparticles on dendritic grain growth in Mg alloys [J]. Acta Materialia, 2018, 152: 127-137.
[82] RK B M, MAJI P, SAMADHIYA A, et al. A study on induction welding of mild steel and copper with flux under applied load condition [J]. Journal of Manufacturing Processes, 2018, 34: 435-441.
[83] ZHANG H, JIAO K X, ZHANG J L, et al. Experimental and numerical investigations of interface characteristics of copper/steel composite prepared by explosive welding [J]. Materials & Design, 2018, 154: 140-152.
[84] YANG M, LI M, WANG C. Interfacial reactions of eutectic Sn3. 5Ag and pure tin solders with Cu substrates during liquid-state soldering [J]. Intermetallics, 2012, 25: 86-94.
[85] PANDEY C, SAINI N, MAHAPATRA M M, et al. Study of the fracture surface morphology of impact and tensile tested cast and forged (C&F) Grade 91 steel at room temperature for different heat treatment regimes [J]. Engineering Failure Analysis, 2017, 71: 131-147.
[86] KONDO S, MITSUMA T, SHIBATA N, et al. Direct observation of individual dislocation interaction processes with grain boundaries [J]. Science Advances, 2016, 2 (11): e1501926.
[87] 牛志伟，黄继华，许方钊，等．铝及铝合金钎焊用硬钎料的研究现状与展望 [J]. 中国有色金属学报，2016，26 (1)：77-87.
[88] CHANG S Y, TSAO L C, LI T Y, et al. Joining 6061 aluminum alloy with Al-Si-Cu filler metals [J]. Journal of Alloys and Compounds, 2009, 488 (1): 174-180.
[89] 羊浩，杨文静，黄继华，等．铝/铝钎焊用 Al-Si-Zn 系钎料的研究 [J]. 焊接，2014 (5)：31-35.
[90] 陆洋，王泽华．铝合金钎焊用钎料的发展动态 [J]. 机车车辆工艺，2007 (1)：1-4.
[91] 刘树英，闫焉服，刘广宝，等．铝合金与不锈钢钎焊用钎料的开发与试验 [J]. 焊接技术，2010，39 (11)：38-41.

[92] 牛志伟，叶政，刘凯凯，等．Al-Si-Ge 钎料钎焊 Cu/Al 接头组织与性能研究［J］．金属学报，2017，53（6）：719-725.

[93] 牛志伟，黄继华，陈树海，等．Ge 添加对 Al-Si 系钎料合金显微组织和性能的影响［J］．中国有色金属学报（英文版），2016，26（3）：775-782.

[94] ZHANG G，WEI S，ZHANG J，et al. Development of Al-12Si-xTi system active ternary filler metals for Al metal matrix composites［J］. Transactions of Nonferrous Metals Society of China，2012，22（3）：596-603.

[95] 刘正林，杨凯珍，王凯，等．6061 铝合金钎焊用钎料的研究［J］．热加工工艺，2012，41（11）：204-206.

[96] 戴玮，薛松柏，孙波，等．Sr，Ti 对 Al-Si-Zn 钎料 6061 铝合金钎焊接头组织的影响［J］．稀有金属材料与工程，2013，42（12）：2442-2446.

[97] 张帅．P、Ce 变质对 Al-Si-Zn 钎料组织和性能影响的研究［D］．南京：南京航空航天大学，2013.

[98] ZHI H U，HONG Y，RAO Y. Effects of samarium addition on microstructure and mechanical properties of as-cast Al-Si-Cu alloy［J］. Transactions of Nonferrous Metals Society of China，2013，23（11）：3228-3234.

[99] 钟素娟．银钎料原位反应组织演变与钎焊接头强化机制［D］．洛阳：河南科技大学，2023.

[100] 高成德，李传志，杨友文．难互溶合金的机械合金化研究进展：反应机制、结构转变与成形技术［J］．中南大学学报（自然科学版），2022，53（8）：2898-2919.

[101] SURYANARAYANA C. Mechanical alloying and milling［J］. Progress in Materials Science，2001，46（1/2）：1-184.

[102] 俞伟元，陈学定，路文江，等．铝钎焊接头中 Cu 元素的扩散行为研究［J］．材料科学与工艺，2007，15（3）：383-386.

[103] TAVASSOLI S，ABBASI M，TAHAVVORI R. Controlling of IMCs layers formation sequence，bond strength and electrical resistance in AlCu bimetal compound casting process［J］. Materials & Design，2016，108：343-353.

[104] GHASEMI S，SHANAGHI A，CHU P K. Nano mechanical and wear properties of multi-layer Ti/TiN coatings deposited on Al 7075 by high-vacuum magnetron sputtering［J］. Thin Solid Films，2017，638：96-104.

[105] 黄健康，杨涛，于晓全，等．铝/铜电弧熔钎焊接头界面组织及演变研究［J］．机械工程学报，2020，56（6）：17-23.

[106] BUHL S，LEINENBACH C，SPOLENAK R，et al. Microstructure，residual stresses and shear strength of diamond-steel-joints brazed with a Cu-Sn-based active filler alloy［J］. International Journal of Refractory Metals and Hard Materials，2012，30（1）：16-24.

[107] 蒋和跃，周长征，陈科仲．Ag-Cu-Ti 钎料下 20Cr 低合金钢真空钎焊工艺研究［J］．技术与市场，2020，27（8）：37-38.

[108] ZHANG T，HE Y，FAN G，et al. Effect of brazing parameters on microstructure and

mechanical properties of Ti_5Si_3/Ti_3Al composite joints brazed with Ti-Zr-Cu-Ni filler alloy [J]. Welding in the World, 2021, 65 (6): 1171-1180.
[109] MIAB R J, HADIAN A M. Effect of brazing time on microstructure and mechanical properties of cubic boron nitride/steel joints [J]. Ceramics International, 2014, 40 (6): 8519-8524.
[110] CHEN Y, CUI H. Effect of temperature and hold time of induction brazing on microstructure and shear strength of martensitic stainless steel joints [J]. Materials, 2018, 11 (9): 1586.
[111] 龙伟民，赵月，钟素娟，等. 铜/铝异质钎焊连接界面金属间化合物的研究进展 [J]. 稀有金属材料与工程，2021, 50 (1): 7-13.
[112] HANG C J, WANG C Q, MAYER M, et al. Growth behavior of Cu/Al intermetallic compounds and cracks in copper ball bonds during isothermal aging [J]. Microelectronics Reliability, 2008, 48 (3): 416-424.
[113] SCENDO M, SPADLO S, STASZEWSKA-SAMSON K, et al. Influence of heat treatment on the corrosion resistance of aluminum-copper coating [J]. Metals, 2020, 10 (7): 966.
[114] HUG E, BELLIDO N. Brittleness study of intermetallic (Cu, Al) layers in copper-clad aluminium thin wires [J]. Materials Science and Engineering: A, 2011, 528 (22/23): 7103-7106.
[115] ABBASI M, TAHERI A K, SALEHI M T. Growth rate of intermetallic compounds in Al/Cu bimetal produced by cold roll welding process [J]. Journal of Alloys and Compounds, 2001, 319 (1/2): 233-241.
[116] SHENG L Y, YANG F, XI T F, et al. Influence of heat treatment on interface of Cu/Al bimetal composite fabricated by cold rolling [J]. Composites Part B: Engineering, 2011, 42 (6): 1468-1473.
[117] KHODIR S A, AHMED M, AHMED E, et al. Effect of intermetallic compound phases on the mechanical properties of the dissimilar Al/Cu friction stir welded joints [J]. Journal of Materials Engineering and Performance, 2016, 25: 4637-4648.
[118] LEE W, BANG K, JUNG S. Effects of intermetallic compound on the electrical and mechanical properties of friction welded Cu/Al bimetallic joints during annealing [J]. Journal of Alloys and Compounds, 2005, 390 (1/2): 212-219.
[119] SU H, ZHAO Q, CHEN J, et al. Evolutions of material flow and intermetallic compounds, and the correlations with mechanical properties of dissimilar Al/Cu friction stir welding joints [J]. Journal of Materials Science, 2022, 57 (43): 20485-20502.
[120] ZUO L, HAN Y, SHAO W, et al. Revealing microstructure evolution and mechanical properties of Al/Cu joints during high-speed friction stir welding [J]. Journal of Materials Research and Technology, 2024, 33: 9276-9288.
[121] 王学刚. 铜铝瞬间液相扩散焊组织与性能研究 [D]. 济南：山东大学，2015.
[122] GUEYDAN A, DOMENGÈS B, HUG E. Study of the intermetallic growth in copper-clad aluminum wires after thermal aging [J]. Intermetallics, 2014, 50: 34-42.
[123] ELMER J W, KLINGMAN J, VAN BIBBER K. Effect of surface condition and bonding

pressure on quality of diffusion bonded high purity copper for linear collider accelerator structures [J]. Science and Technology of Welding and Joining, 2001, 6 (5): 268-272.

[124] KIM I, HONG S I. Effect of heat treatment on the bending behavior of tri-layered Cu/Al/Cu composite plates [J]. Materials & Design, 2013, 47: 590-598.

[125] XU C, LANG Q, WANG Q, et al. Microstructure and mechanical properties of ultrasound-assisted soldered Al-50wt. % Si/Al-27wt. % Si joints for automotive applications [J]. Jom, 2019, 71: 2025-2032.

[126] 姬峰，薛松柏，娄继源，等．Zn-Al 钎料钎焊 Cu/Al 接头组织和性能 [J]. 中国有色金属学报（英文版），2012，22（2）：281-287.

[127] MILLS K C. The heat capacity of Cu + Al alloys [J]. The Journal of Chemical Thermodynamics, 1977, 9 (1): 43-53.

[128] CLARK S J, SEGALL M D, PICKARD C J, et al. First principles methods using CASTEP [J]. Zeitschrift Für Kristallographie-crystalline Materials, 2005, 220 (5/6): 567-570.

[129] 曹善鹏．ZnO/Si 薄膜界面错配定量分析及低错配界面设计 [D]. 大连：大连理工大学，2015.

[130] MA C, XUE S, WANG B. Study on novel Ag-Cu-Zn-Sn brazing filler metal bearing Ga [J]. Journal of Alloys and Compounds, 2016, 688: 854-862.

[131] QI J L, WANG Z Y, LIN J H, et al. Graphene-enhanced Cu composite interlayer for contact reaction brazing aluminum alloy 6061 [J]. Vacuum, 2017, 136: 142-145.

[132] CHEN Y, YUN D, SUI F, et al. Influence of sulphur on the microstructure and properties of Ag-Cu-Zn brazing filler metal [J]. Materials Science and Technology, 2013, 29 (10): 1267-1271.

[133] 赖忠民，薛松柏，韩宪鹏，等．AgCuZn-X(Ga,Sn,In,Ni) 钎料显微组织及钎焊接头研究（英文）[J]. 稀有金属材料与工程，2010，39（3）：397-400.

[134] KOZLOVA O, BRACCINI M, VOYTOVYCH R, et al. Brazing copper to alumina using reactive CuAgTi alloys [J]. Acta Materialia, 2010, 58 (4): 1252-1260.

[135] WEI J, DONG J, ZHOU Y, et al. Influence of the secondary phase on micro galvanic corrosion of low carbon bainitic steel in NaCl solution [J]. Materials Characterization, 2018, 139: 401-410.

[136] ZHANG G A, CHENG Y F. Micro-electrochemical characterization and Mott-Schottky analysis of corrosion of welded X70 pipeline steel in carbonate/bicarbonate solution [J]. Electrochimica Acta, 2009, 55 (1): 316-324.

[137] TOKITA S, KADOI K, AOKI S, et al. Relationship between the microstructure and local corrosion properties of weld metal in austenitic stainless steels [J]. Corrosion Science, 2020, 175: 108867.

[138] 杨德钧，等．金属腐蚀学 [M]. 北京：冶金工业出版社，1999.

[139] KEVIN D S G W. Development of Ag-Cu-Zn-Sn brazing filler metals with a 10 weight-% reduction of silver and same liquidus temperature [J]. China Welding, 2014, 23 (4):

25-31.

[140] BEURA V K, XAVIER V, VENKATESWARAN T, et al. Interdiffusion and microstructure evolution during brazing of austenitic martensitic stainless steel and aluminum-bronze with Ag-Cu-Zn based brazing filler material [J]. Journal of Alloys and Compounds, 2018, 740: 852-862.

[141] 朱日彰，等. 金属腐蚀学 [M]. 北京：冶金工业出版社，1989.

[142] FOLEY R T. Localized corrosion of aluminum alloys: A review [J]. Corrosion, 1986, 42 (5): 277-288.

[143] JARIYABOON M, DAVENPORT A J, AMBAT R, et al. The effect of welding parameters on the corrosion behaviour of friction stir welded AA2024-T351 [J]. Corrosion Science, 2007, 49 (2): 877-909.

[144] 刘英才，张玉明，荣鼎慧，等. 薄壁铜铝管电阻焊焊接界面的微观结构研究 [J]. 兵器材料科学与工程，2009，32 (3)：24-27.

[145] 王成国. 铝/铜异种材料搅拌摩擦焊接头耐腐蚀性能研究 [D]. 南京：南京航空航天大学，2012.

[146] 苏景新，张昭，曹发和，等. 铝合金的晶间腐蚀与剥蚀 [J]. 中国腐蚀与防护学报，2005，25 (3)：187-192.

[147] 田尻，胜纪，王秩信. 铝及其合金的腐蚀与防蚀 [J]. 设备管理与维修，2000 (7)：38-40.

[148] 朱晓欧，王晓丽，陆鹏程，等. 铜铝异种金属钎焊接头的电化学腐蚀性能研究 [J]. 科技视界，2012 (2)：7-8，11.

[149] CHEN Y, WANG Y, MENG G, et al. Macro-galvanic effect and its influence on corrosion behaviors of friction stir welding joint of 7050-T76 Al alloy [J]. Corrosion Science, 2020, 164: 108360.